从自察到自救

别让情绪偷走你的人生

王德良 著

From self-observation to self-help

电子工业出版社
Publishing House of Electronics Industry
北京·BEIJING

未经许可，不得以任何方式复制或抄袭本书之部分或全部内容。
版权所有，侵权必究。

图书在版编目（CIP）数据

从自察到自救：别让情绪偷走你的人生 / 王德良著 . —北京：电子工业出版社，2024.4
ISBN 978-7-121-47551-1

Ⅰ.①从⋯　Ⅱ.①王⋯　Ⅲ.①情绪—自我控制—通俗读物　Ⅳ.① B842.6-49

中国国家版本馆 CIP 数据核字（2024）第 060581 号

责任编辑：王欣怡　　　文字编辑：刘　甜
印　　　刷：天津嘉恒印务有限公司
装　　　订：天津嘉恒印务有限公司
出版发行：电子工业出版社
　　　　　北京市海淀区万寿路 173 信箱　邮编：100036
开　　本：720×1000　1/16　印张：16.5　字数：220 千字
版　　次：2024 年 4 月第 1 版
印　　次：2024 年 4 月第 1 次印刷
定　　价：75.00 元

凡所购买电子工业出版社图书有缺损问题，请向购买书店调换。若书店售缺，请与本社发行部联系，联系及邮购电话：（010）88254888，88258888。
质量投诉请发邮件至 zlts@phei.com.cn，盗版侵权举报请发邮件至 dbqq@phei.com.cn。
本书咨询联系方式：424710364（QQ）。

精神幸福是我们共同的追求，
谨以此书献给人类大家庭。

前言
PREFACE

本书缘起

人生绝境

大概在2009年,那时的我20岁,还在上学,我的人生突然发生了重大改变。

本来无忧无虑的我,和大多数的年轻人一样,每天按部就班地生活着。可突然之间,我陷入了困境——我进入了一种极度悲伤和痛苦的状态,身心备受煎熬。也正是这次困境,彻底地改变了我的人生。

在接下来的时间里,我一改过去桀骜不驯的个性,时常被焦虑、抑郁和恐惧的情绪笼罩和折磨。犹如现实世界中的强烈地震,我的精神世界瞬间变为一片废墟,所有从小建立起来的认知与信念皆被夷为平地。旧的世界被打破,但新的世界丝毫没有建立的迹象,我的人生彻底陷入了黑暗,没有了方向。

当时的我没有任何人指引,也没有任何光亮可以给我希望。于是我来到图书馆,沉浸在书的世界里,孜孜不倦地汲取着我渴望的"营养",并一丝不苟地把我总结出的知识运用到了生活当中，不断地检验、运用和练习。

就这样，我踏上了一条自我救赎的道路。

一线光明

这种状态差不多一直持续到2012年，那几年是我人生中极度黑暗和痛苦的阶段。我的内心备受煎熬，直至遇见了她。

我们经人介绍认识，很快结为夫妻——在第一眼看到她时，我就有种似曾相识的感觉。她陪伴我走过了人生最艰苦的一段旅程。

我们在一起之后，虽然经常发生争吵，但是，她对我的接纳，在日常生活中对我无微不至的照顾，使我的人生有了光亮。在我人生最黑暗的时刻，在那片充满废墟的世界中，她为我亮起了一盏灯，虽然很微弱，但那是一个新的开端。

浴火重生

从那次巨变到今天差不多已经有14年了，其间我一直在探索、追问和学习，并不断地实践和总结。我的人生在无意间已经被我当成了修行的道场。

当初的痛苦，来得是那么突然，犹如惊涛骇浪般翻搅着我的内心，像炼狱一样让我惊恐和绝望。起初它近乎要将我毁灭，可如今再回头望，我发现，这竟是上天赐予我最美好的礼物！

我很感谢那一段刻骨铭心的经历，它让我觉醒，让我走上了这条充满意义的人生之路。

回忆自己的过去，生活起起伏伏发生了许多变化，自己的内心世界也天翻地覆，犹如脱胎换骨。三年时间的强震曾让我的精神世界被夷为平地，十多年时间的重建让我的精神世界焕然一新。我的变化，或许正是当前这个焦虑时代的一个小小缩影，也许还有很多朋友与我有过同样的体验。

当前的时代，是一个充满焦虑的时代。社会高速发展，科技突飞猛进，生活日新月异，物质充盈富足。可是，人们越来越容易焦虑，越来越感到彷徨，每个人都被时代的潮流裹挟，随波浮沉，内心难以平静和安定。当下社会竞争日益激烈，人际关系更加复杂，亲密关系愈发难以维持，人们的心理压力普遍较大，情绪非常容易出现问题。学会如何更有效地处理自己的情绪，如何让心智更加成熟，如何与自己相处，如何与他人相处，如何与这个客观世界相处，迫在眉睫！这些不仅对自己有益，对于人类社会的稳定发展更加有益。

诚挚感谢

我非常感谢一路上帮助过我的人，以及为此书的出版做出贡献的人。

感谢我的妻子，我的父母，我的孩子，你们是我的至亲，是你们的付出与包容，让我能够沉下心来潜心钻研与探索。

感谢那些曾经为真理而不懈探索的前辈，是你们给了我灵感与启发，站在巨人的肩膀上，我得以看到更多美丽的风景。你们锲而不舍追求真理的精神，也一直在鼓舞和引领着我。

感谢我所遇到的每一个人，无论曾经帮助过我的人，还是伤害过我的人，又或是擦肩而过的陌生人，是你们丰满了我的人生，丰满了这部著作。

感谢本书编辑王欣怡老师，谢谢您提供的专业帮助，是您完成了这关键的最后一笔，得以让这本书呈现在世人面前。谢谢电子工业出版社每一位老师的辛苦付出。

感谢自己，谢谢自己对自己不放弃，谢谢自己在绝望中寻找希望，谢谢自己勇敢地踏上了这条艰难而又充满意义的人生之路。

感谢命运，谢谢命运的磨砺和训练，也谢谢命运的眷顾与庇佑。

关于本书

多年的沉淀终归结出了果实，长期的探索也终究有了收获，我愿把我的成果与你分享，也愿这本书能帮助到每一个有需要的人。

我不倾向于任何一种传统，也不倾向于任何一种学说或权威，通过多年的探索和实践，我总结出一套自我"修行"的方法，旨在教会你如何管理情绪，如何让心智成熟，让你走出情绪和心理困境，拥有更加强大的内心力量，能更好地应对日常生活中的各种挑战，更好地面对自己在学习、工作、友情、恋爱、婚姻、亲子中的各种问题。所以本书不仅适合情绪容易出现问题的人，同样适合那些渴望实现自我价值的人。

本书共分为六大部分。

第一部分介绍了重新认识情绪，包括情绪及情绪的意义，让大家了解情绪，接纳情绪，为接下来的成长做好铺垫。

第二部分介绍了重新塑造自我，包括一些人们常见的偏执习性和认知，并对它们加以分析，给出了具体的改善方法和建议，帮助读者重新塑造自己的认知评价系统，重新塑造自己的行为模式，从根本上改变紊乱的情绪和心理状态。

第三部分介绍了对于自我的全面认识，包括什么是完整的自我，什么是狭义的自我，以及一个人在这个世界上所拥有的各种自我的身份，帮助读者更好地了解自己和世界，为接下来自我心智的成长打下基础。

第四部分介绍了心智成长的具体方法，包括"四个自己"的关系，以及如何自我觉察，如何正确自省，如何更好地实现心智的成长。

第五部分介绍了在心智成长的过程中所需的重要品质。这些品质可以助力人们在修行的过程中克服困难、不断前行，并指引大家走向正确的人生道路。

第六部分介绍了人生中要拥有的正确心态。有了这些心态，大家才能真正走向自我实现的道路，并知行合一地运用所学方法，让自己的心智不断地成熟，让自己的内心更加丰盈。

接下来，就让我们共同踏上这段神奇而又充满意义的人生旅途吧！

目录
CONTENTS

第一部分
认识情绪，开启智慧的大门

- 002 　人生课题
- 004 　初识情绪
- 006 　情绪的背后
- 015 　情绪的意义
- 018 　心智的成长
- 021 　情绪更容易出现问题的人群

第二部分
放下与建立，重获新生

- 028 　放下责任，建立边界：谁的人生课题
- 036 　放下要强，建立平和：蛇咬尾巴的诅咒
- 039 　放下对抗，建立随性：放松的习惯
- 044 　放下抵触，建立顺通：获得心灵的宁静

048	放下逃避，建立允许：	积极地敞开自己
054	放下永恒，建立无常：	永恒的无常
057	放下克制，建立欲望：	强化意志力
061	放下执我，建立自我：	失控的意志力
064	放下忧虑，建立目标：	运用意志力
067	放下苛责，建立理解：	你我皆凡人
071	放下完美，建立包容：	完美的缺陷
075	放下操控，建立自在：	心灵的自由
079	放下芝麻，建立西瓜：	让头脑更加清醒
081	放下控制，建立容纳：	为所当为
084	放下标签，建立客观：	照见完整的自己
087	放下性格，建立心态：	上帝手中的接力棒
090	放下臆测，建立意识：	心里有"鬼"
093	放下坚强，建立柔软：	人与人之间心灵的屏障
096	放下依赖，建立担当：	谁的责任
100	放下刻板，建立灵活：	境由己造
105	放下自卑，建立自信：	做回自己的主人
108	放下回避，建立真诚：	真诚的力量
111	放下放下，建立放下：	放下放不下

第三部分
完整的自我与狭义的自我

116	我的身份
120	情绪的身份

122	信念的身份
125	标签的身份
128	角色的身份
130	欲望的身份
136	念头的身份
140	习性的身份
143	痛苦的身份

第四部分
心灵净化之路

150	心灵地图
152	旧的自己
154	观察性的自己
157	情绪化的自己
160	新的自己
163	正确的自我观察
166	观察性的自己的天敌
171	观察性的自己的训练
175	心智成长四部曲

第五部分
珍贵的品质

186	同情：一个能够给予人力量的品质

189	真实：一碗苦口的良药，也是一剂猛药
196	中庸：让你更加智慧，接近圆满
199	敬畏：让你感觉幸福和满足
204	爱：可以治愈一切
208	善：一种积极的力量
213	忍耐力：一种专注的、耐心的、积极的、主动的、明白的等待

第六部分
人生旅途

220	直面痛苦
223	挑战恐惧
227	感恩失去
232	练习宽恕
236	自我实现
246	生命的课程

1

第一部分

认识情绪，
开启智慧的大门

人生课题

　　人的这一生，从小到大，从出生到死亡，会不断地经历各种事件，有好的，有坏的，有令人高兴的，有让人痛苦的，有顺利的，有不顺利的，最令我们头疼的就是遇到坏的事情了。在面对坏的事情时，我们的头脑总会认为这个世界不对，它不应该这样发展，但我们又无能为力。这个时候我们往往有两种选择：一是咒骂它，抱怨它，哀叹自己的人生不顺，命运不济，自己每天不得不与焦虑、恐惧等负面情绪不断做斗争，大量耗费精力；二是把这个事件当成命运的必然，当成上天的考验，欣然接受命运的安排，接纳各种情绪，让自己不断地成长。这两种选择，将会决定你今后的命运，甚至会决定你的人生是否能够有所成就，决定你幸福与否。两种不同的选择，会让你的人生道路截然不同。

　　还记得那些让你印象最深的坏事情吗？还记得那些让你厌恶的人吗？还记得那些让你恐惧的时刻吗？它们是否一再出现在你的生命中，阴魂不散，好像不把你打败誓不罢休？你总会遇到坏人，总会遇到坏事，你越害怕什么，往往越会出现什么。你有没有试着深入思考一下，这到底是为什么？为什么你会这么讨厌它们？为什么它们会一再出现在你的生命中？为什么你总是束手无策？

　　所有的这些不幸，像不像命运对你的一种考验？它给你设置重重课题，以期待你顿悟。当然，这并非命运有意为之，命运是一种自然的存在，是生命的法则，是自然的规律。而你是那个生存在法则之中懵懂的生命，你时常僭越生命的法则，让自己陷入困境，在困顿之中，你又总是胡乱挣扎，在痛苦的沼泽中越陷越深。你之所以走到今天这种境地，问题就在于你面对考验时的态度。你自恋自大，冥顽不化，面对考验你选择拒绝和逃避，以至于到现在你还是对这些人生课题非常陌生。你不知所措、一筹莫展，一直在痛苦的轮回当中不断地重复着悲惨的命运。

你有没有想过直面自己人生中的这些问题？好好地研究它们，不断地去挑战，不断地去练习，直到你不再害怕，不再恐惧，对它们了如指掌。此时，这些让你头疼的课题将会在你的生命中逐渐消失，它们不再扰乱你的心智。你通过了命运的考验，摆脱了这些不好的人和事，摆脱了不幸和不顺。

每个人都会遇到各种问题，所遇到的问题也都大同小异、相差无几。所以你不必感到郁闷和沮丧，你不是那个唯一可怜的人。我们都一样，都是人类社会当中的一员，都是宇宙中的一部分。我们都会经历生、老、病、死，只不过出生的时间不同，离开这个世界的时间不同，还有性别不同、身体健康程度不同、所从事行业不同，等等。但我们大多会经历幼年、少年、青年、中年、老年，都会体验失败和成功，都会面临坚持和放弃，都会面临幸福和痛苦，都会经历生与死，我们的情感体验是一样的。我们最终都会抵达死亡，如若到时再幡然醒悟，只怕为时已晚。

在接受人生考验期间，我们完全可以自主选择自己的心态，选择面对人生问题的态度。你可以选择抗拒，也可以选择面对。不同的选择，关系到我们内心幸福与否，关系到我们的心智是否能够获得成长，关系到我们是否能在绝望中找到希望，关系到我们是否能在生命中抓住机遇，关系到我们是否能够离苦得乐。

我们要坚信，命运的安排一定是最好的安排，它一定有着深远的意义，你也一定有着自己的使命和责任。你的责任不在于抗拒命运，而在于接纳命运，直面人生中的各种课题，不断地通过上天的考验。正所谓"故天将降大任于是人也，必先苦其心志，劳其筋骨，饿其体肤，空乏其身，行拂乱其所为，所以动心忍性，曾益其所不能。"当然，这并不是说让你去成就丰功伟业，而是你要理解：你所经历的这一切，是汇聚了各种因素才造就的，这些遭遇就汇聚成了你的"修罗场"。它是你的责任和使命所在，否定它，就是推卸责任，你会止步不前，陷入痛苦，错失锻炼的机会；接纳它，就是主动承担责任，你会在不幸所累积的土壤里，奋发向上，茁壮成长。

在人世间，我们所经历的一切，皆是为了让我们看清真相，学会本领，实现成长。

那我们该看清什么真相？学会什么本领？如何实现成长？希望这本书能够让你找到答案。

初识情绪

情绪原本是为了让我们趋利避害，便于更好地生存的一种行为反应。

在远古时代，当你看到猛兽的时候，信息通过你的眼睛进入大脑的杏仁核，这里是负责产生情绪的警报系统。当这个警报系统接收到危险信号时，你便会感觉恐惧，警报系统会迅速地把信息传递给身体的其他部分，让你产生应激反应。你的肾上腺开始释放大量激素，其会进入你的血管和肝脏。你的呼吸开始变得急促，以便为身体提供更多的氧气。你的心跳开始加速，血液流动加快，以便为你的肌肉提供更加充足的能量，让你可以随时战斗或逃跑。这是我们最原始的情绪反应。

情绪是一种应激反应。随着初级生物状态下对刺激信号产生的条件反射，到后来神经系统的进化，我们开始有了知觉，开始有了自我意识，于是我们就有了感受和欲望。在外界刺激下,在趋利避害的本能作用下,情绪也就随之衍生。我们的祖先在面对天敌的时候,在面对猎物的时候,在求偶的时候,都依赖于情绪的应激反应。产生的情绪会让我们分泌大量的激素,这些激素会调动我们的神经和肌肉,让我们战斗或逃跑,以便更好地生存和繁衍。但是,如今的人类社会异常复杂,生活不再是简单的狩猎,会有各种各样的事件引发我们的情绪。如果我们不能很好地掌控和处理自己的情绪,就容易引起内分泌失调,严重影响身心健康,产生无尽的烦恼和麻烦。

有的朋友可能认为,如果我们消除了这些情绪,会不会就没有这些烦恼了?比如消除恐惧、焦虑、愤怒和沮丧等引人不适的情绪,甚至是消除自己的欲望,会不会就好很多了呢?很明显,不会。因为没有了这些情绪,我们便不知道害怕,不知道提前预警,不知道反抗,我们就无法远离危险,无法保护自己。如果没有了欲望,我们也就不会去进食和求偶,也就没有了生存和繁衍的可能。没有了情绪,虽然我们不会再感受到痛苦,但同样也不会再感受到幸福,人类这个物种会很快地消亡。

我们的目的不是完全消除情绪,而是更好地掌控和管理情绪。在它不该出现的时候,我们去疏导它;在它该出现的时候,我们合理地利用它。

比如如果一个人无意间说错了话,不小心冒犯到你,这个时候如果你大发雷霆、歇斯底里,这明显是过激的行为,不仅不会起到好的效果,还会让周围人对你产生厌恶感。这个时候,你就要控制自己,尝试理解对方,而不是单纯地跟随情绪产生应激行为。当然,真正地平复情绪不仅靠理解对方,更重要的是理解自己,切莫盲目地压抑自己。你要看到自己的愤怒,理解自己的愤怒,接纳自己的愤怒,在此基础上允许自己愤怒。如果一个人有意针对你,恶意侵占你的权益,污蔑你的人格,这个时候,如果你一味地克制自己,忍气吞声,那么对方就会一再冒犯你,甚至会导致周围的人蔑视你，跟随他一起侵害你的权益。因为你忍气吞声，大家根本不知道你的底线在哪里。这时你就要适当发怒，甚至可以大发雷霆，以警告对方，亮出自己的底线，让对方不敢再次冒犯你，并从此建立自己的边界，让自己与周围人更好地相处。

如果不能很好地掌控和管理自己的情绪，那么会导致我们在不该产生情绪的时候产生了强烈的情绪，在该产生情绪的时候却呆若木鸡、不知所措。情绪是一把双刃剑，如果我们不能很好地掌控它，它就会反过来掌控我们。想要掌控和管理情绪，我们就要更加全面地认识和了解它。

情绪的背后

人生活在这个世界上，作为相对独立的个体，有两种最重要的关系：一种是自己和自己的关系，一种是自己和外界的关系。当我们与外界产生冲突，关系不和谐的时候，我们就会产生负面情绪；当我们与自己产生冲突，关系不和谐的时候，我们也会产生负面情绪。那这种不和谐究竟来自哪里呢？来自"自我"。

自我所带来的矛盾与冲突是不可避免的，哪怕是客观世界中没有意识的石头，只要它是独立存在的，你一样可以从它身上看到某些冲突的现象。比如下雨时雨水滴落在石头上，这是水滴给石头的一个力，与此同时石头也会给水滴一个反作用力，把水滴弹开，这就是一种冲突。当然，这是一种无意识的纯物理现象，石头与水滴都不会有情绪，更不会有主动的行为。而人不一样，人不仅会有身体上的对抗与冲突，还会有精神上的对抗与冲突。精神上的冲突会让我们产生相应的感受及情绪，从而激发对应的行为。这种情绪行为有时是无意识的，它只是你头脑中固定的程序，是一种条件反射似的行为，就像水滴落在石头上被石头弹开一样，是它们本身的物理属性决定的；但有时我们的情绪行为又是有意识的，这时我们不仅有感受和情绪，同时还能意识到自己的行为和想法。我们会有意识地调整自己的状态，这就是一种有意识的、主动的行为反应。当然，无论有意识的行为还是无意识的行为，都不可否认一个事实：自我的出现一定会伴随着矛盾与冲突的产生。

自我一旦出现，就注定我们会有一个主观内在世界，这个内在世界与外在世界形成一种既对立又统一的关系。虽然这个自我与外在世界相互依存，但是它会有自己的意志，会有自己的欲望和需求，而外在世界同样也有它自己的规律，这个时候两者往往会产生冲突，冲突一旦发生，情绪也就随之出现。

但需要注意的是，自我也是外在世界的一部分。也就是说，你也是这个世界的一部分，所以我们不仅会与外在世界产生矛盾与冲突，也会与客观世界中的自我产生矛盾与冲突，这就是你与自己的关系。如果你处理不好与自己的关系，无法满足自己的欲望和需求，盲目压抑自己，你的内心就会出现情绪，情绪会促使你进一步采取行动，你就很有可能会自我攻击，陷入沮丧和抑郁的情绪之中，最终不仅生活中的问题难以解决，精神也出现问题。被压抑的是你自己，压抑你的还是你自己，这是不同身份之间的冲突与博弈，它们有着各自的欲望和需求，有着各自的定位和角色，有着各自的观点和想法，只有战胜了它们，你的内心才能真正恢复平静（在第三部分中会与大家详细分享）。所以我们不仅会与客观世界产生冲突，也会与客观世界中的自己产生冲突。由于这些冲突的存在，情绪的出现也就成为必然。接下来我们具体看看发生在自己身上的几类冲突。

首先，物理上的冲突。比如，当我们跌倒或烫伤时，身体与地面产生摩擦，皮肤与开水产生接触，就出现了外界事物与肉体上的冲突。我们通过神经系统产生了疼痛或瘙痒等不同的感觉，从而产生一定的应激行为，迅速地自动进行躲避、逃跑。这些物理上的冲突，并不会直接引发情绪，它们引发的往往只是生理上的应激反应，是一种最初级最原始的情绪状态。

其次，最原始的生理本能所引起的需求上的冲突。当原始生理需求得不到满足时，精神上的冲突便会产生，我们便会产生情绪。比如，当非常饿的时候，我们会非常焦虑，情绪会促使我们迫切地到处寻找食物。当我们无论如何都找不到食物时，就会感到非常沮丧，甚至感到恐惧和绝望。这是求生的本能，是我们难以克制的一种欲望，也是难以避免的一种冲突。因此情绪的产生是必然的，面对这种冲突所衍生的负面情绪，我们只能尽量去接纳它。

但在如今的人类社会中，不再挣扎在生死边缘，我们最原始的生理需求已经得到了很好的满足，我们更多感受到的是与原始生理需求无关的需求。比如，对安全感的需求，对爱的需求，对尊重的需求，对荣誉的需求，对权力的需求，对财富的需求，对自我实现的需求，等等。这些需求都是由最原始的本能所驱动的，它们是盲目的、冲动的和无意识的，稍有不慎就会被无限放大。比如，衣服不再仅有保暖的功用，而更多成为个人审美的象征。

以最原始的生理本能为基础，在趋利避害的作用下，生活方式多样化会勾起人们更多的需求。这些需求如果无法获得满足，同样会引发冲突，进而唤起情绪，所以，如今人们的情绪更加复杂。如果我们盲目地排斥自己的情绪，任由自己的欲望不断蔓延，会给我们带来非常大的困扰和危害。我们会变得虚荣、贪婪，进而过度消耗自己的生命，拼命地追求眼前的梦幻泡影。我们被这些眼花缭乱的景象所迷惑，失去自我，失去自由，每天生活在焦虑之中。

虽然这些欲望和需求不同于最初级的生理本能，但是给你带来的情绪体验是一样的。比如，当你在群体中被冷落的时候，虽然你的身体毫发无伤，你也不会有生命危险，但是，你会感受到强烈的焦虑、愤怒、沮丧等情绪，你的身体也会产生相应的反应，你可能会呼吸急促、胸闷气短、垂头丧气、胃肠痉挛、声音发颤、手心出汗、身体发抖，你甚至想要马上逃离或战斗。这种感觉和你在遇到威胁时的情绪体验是一样的，只是程度不同而已。这时候的情绪就不再是原始的求生欲望所带来的了，而是求生的本能和对自我存在感的追求所延伸出来的。

再次，由信念所引发的欲望和需求上的冲突。比如，在摔伤和烫伤后，我们通过应激反应脱离了危险状态，但由于持续的疼痛会让我们产生焦虑情绪，促使我们寻找方法来医治伤口、减轻痛感，所以情绪就产生了。如果仔细观察，你会发现，疼痛并不会引发你的情绪，它只会让你产生对应的行为反应。而真正导致情绪产生的是你头脑中的一种信念：你不能容忍疼痛，你不能容忍不好的事情发生，你希望把不好的事情解决。当然，这里面还有你趋利避害的本能，以及你本能的求生欲望，所有的这些因素激发了各种各样的情绪，如紧张、焦虑、恐惧、愤怒、沮丧，等等。但越往后影响你越深的便是你头脑中的信念，哪怕伤痛已经减轻，但是你依旧可能会悔恨自己当初的不小心。你不允许不好的事情发生，你觉得自己理应是安全的，你觉得自己应该是完美无缺的，你觉得事情本应该更加完美。这就是你的需求、你的愿望，也是你潜意识中的信念。但是很明显，这是不合理的，人生不如意之事十有八九，摔伤和烫伤本身就是偶发事件，并且已经发生，我们无法回到过去。这时，我们能做的就是总结经验、放平心态，安心地疗伤养病，而不是怨天尤人、悔恨过去。所以你会发现，到了这一层，冲突就不仅是你本能的欲望和需求上的冲突，而是你头脑中的信念所衍生出的欲望和需求与现实之间的冲突。这种冲突所引发的情绪，不同于你原始的欲望和需求的冲突所引发的情绪，它可以通过调整信念去缓解。

最后，认知信念上的冲突。这种冲突同样会让我们产生情绪，但它仅是自我存在的一种冲突，就像石头与石头碰撞会激起火花。在出生后第一次睁开眼睛的时候，我们就开始向自己的主观世界不断地输入各种信息，不断地绘制头脑里的"世界地图"。因为每个人的经历不同、身份不同，所以在头脑里就形成了自己独特的对于客观世界的认知，形成了独特的人生观、价值观和世界观。在此基础上，我们不断地更新对于世界和自我的认知，从而产生各种各样的观点，这些观点在人生中逐渐内化为自己的一部分，最终成为一种难以撼动的信念，变得有形而坚固。它们是你意识上的身体，时常与客观世界产生摩擦与冲突，让你产生强烈的情绪。比如，在你的主观世界的信念里，你认为学历并不重要，当你遇到不同的观点时，你便会产生极大的情绪，你甚至会非常焦虑和愤怒。这就是现实世界与你的主观世界之间的矛盾与冲突。这种不和谐就来自头脑中的主观世界与客观世界的差别，这是不可避免的，是一种存在性的冲突。当你的自我认知与现实相违背时，冲突就出现了，情绪便产生了。头脑中内在世界是对外在世界的反映，内在世界对于外在世界的反映越是全面和深入，它们之间的冲突就越小；内在世界对于外在世界的反映越是片面和狭隘，它们之间的冲突就越大，冲突越大，情绪就越激烈。

原始的生理本能所引起的情绪，是难以克制的，我们只能尽力去接纳和安抚，但不合理的信念所引起的情绪是可以调节的。美国心理学家艾利斯创建了情绪ABC理论。他认为激发事件A只是引发情绪和行为后果C的间接原因，而引起C的直接原因则是个体对激发事件A的认知和评价而产生的信念B。即人的消极情绪和行为障碍结果（C），不是由某一激发事件（A）直接引发的，而是由经受这一事件的个体对它不正确的认知和评价所产生的错误信念（B）直接引起的。通俗来讲，我们在遇到事情的时候并不会直接产生情绪,而是要经过头脑中认知信念的加工,才会产生相应的情绪。

比如,在中国,竖大拇指表示赞许,而在尼日利亚和伊朗等国家,竖大拇指则代表侮辱。同样是竖大拇指的行为,所引发的情绪和造成的结果往往不同。这就是认知决定信念,信念决定情绪,而不是事件直接决定情绪。

头脑中的信念叫作潜意识里的信念,它是你对各种人、事、物坚信不疑的看法和态度。信念是你的原生家庭、成长环境、教育经历等不断作用的结果,信念在你一次次的经历中通过认知评价系统产生,同时它又会反过来影响你的认知评价系统,从而产生新的信念。比如,当你在尼日利亚对他人竖起大拇指,受到了指责后,头脑中对竖大拇指代表赞赏的固有信念开始松动,你明白了这种行为还有另一层含义,认识到了自己和对方在认知上的差异,你会开始接受对方的观点和行为。在这种情况下,我们增长了见识,扩展了自我意识,并会重新塑造自己的信念,进一步更新和完善自己的认知评价系统。我们不再坚定地认为竖大拇指一定代表赞赏,我们会更加客观,认知也会更加完善。当然,也有可能会形成新的偏激的信念,比如,你会认为所有的尼日利亚人都会对竖大拇指的行为感到愤怒,但事实往往并非如此,他们之间也有可能存在着不同的认知。

所以每个人的认知信念或多或少都会存在偏差,但同时我们又可以不断完善和修正自己的认知信念。艾利斯称,错误的信念为非理性信念,对于这种非理性信念,我们要及时地修正,否则它会让你产生各种不必要的负面情绪,严重影响日常生活和身心健康。

事件经过头脑中固有认知信念的加工,通过个人的看法和评价产生情绪之后,情绪又会进一步影响个人行为,所造成的结果又会进入信念的认知评价系统,进一步影响情绪。这会形成一个循环,决定着事件和情绪是向好的方面发展，还是向坏的方面发展。

比如，来到新公司，面对新的环境，不同的人往往会有不同的反应，每个人都有自己内在的认知评价系统。一个人原生家庭不太好，身有残疾，学生时代曾经遭受过校园霸凌，受歧视、被排挤、不被尊重和认可，在他的认知评价系统里，慢慢地会形成偏激的信念。比如，他会认为自己是一个容易被欺负的弱者，别人总是瞧不起自己，没有人喜欢自己，自己很无能，没有价值，等等。他非常自卑，对别人总是充满敌意。同时，这些信念也会促使他产生一些强烈的需求和欲望，如对友情、尊重和爱的强烈渴望，这种渴望会让他在与别人相处时更加卑微。当他初次来到新公司的时候，面对大家的冷漠，他的需求是落空的，他的欲望是破灭的，他的内心是受伤的，他的情绪是焦虑和恐惧的。这时他会认为同事都不喜欢自己，对他不友好，排斥他，进而他会继续收集片面的信息，来印证自己内心的信念，他会再一次证明自己是没有价值的、无能的。于是他的内心会激起更大的焦虑、恐惧和愤怒，产生强烈的沮丧感和挫败感，他会迅速地丧失积极的意愿，迫切地想要逃离这里。为了避免再次受到伤害，为了逃避痛苦的情绪，他极有可能会把自己封闭起来，逃避工作、逃避生活。

而另一个人，他的原生家庭不错，父母关系也很好，自己身体健康，朋友也很多，大家都很喜欢他，所以他对于友情、尊重和爱的渴望就不会过于强烈，没有强烈的渴望就不会有所失望，心里也会更加坦然。他过去那些正面的经历，也会在他的认知评价系统里，形成一些比较正向的信念。比如，他觉得自己是一个有价值的人，是值得被爱的人，是受欢迎且有能力的人，等等。他对自己和外界的看法都是正面的、积极的。这个时候，当他看到那些冷漠的同事时，他就不会太过在意，他不会认为大家都在针对他或看不起他，他会更加客观和理性，他会理解大家暂时的冷漠，他会尊重规律，他会心平气和地接受当下的处境。他也不会过于渴求大家对他的认可和接纳，所以他并不会过度敏感和在意别人的态度，也不会对他人产生无谓的怨恨和抵触。他会很自然地融入集体，会积极主动地与周围的同事进行沟通、交流，他会特别自信，主动去改善自己的处境，最后很快地适应工作。

第一个人，他的处境经过自己负面的解读，影响了他的情绪和行为，让他很难以一个良好的心态和别人建立关系。别人也会从他的情绪状态中感受到冷漠和敌意，因为他的气场自带排他性，让人觉得不太容易接近。他的自我封闭也会让自己主动地疏远别人，导致与别人的关系越来越糟，从而进入恶性循环。他既不能处理好与外界的关系，也不能处理好与自己的关系，所以他的外在和内在总是冲突不断，情绪问题非常严重。如果他能看到自己偏激的信念，利用自己的认知评价系统，他就有机会调整自己的认知信念，从而调节自己的情绪、行为和状态，积极地改善自己的处境，把恶性循环打破，才有可能扭转自己的宿命。

第二个人，面对同样的处境，他有着相对积极的信念，他坚信自己的价值，相信自己的感受，他不需要大家的认可，他是自信的、满足的。这种友好的态度也会感染周围的人，让周围的人感受到被尊重、被接纳和被认可，他会很快建立一个良好的社交关系，从而进入正向循环。当然，这并不是万无一失的，因为他的今天得益于过去的经历所形成的正向信念。如果有一天他遭受打击，被最亲近的人背叛和算计，他正向的信念也许会在瞬间崩塌，迅速地从积极转为消极。如果他没有自我意识，不懂得情绪管理，不会调整自己的信念，他未来也会进入和第一个人一样的内心境地，陷入恶性循环。

为了更好地理解认知评价系统对情绪和行为的影响，我们再举一个例子，一个在中国有名的故事《疑人偷斧》。

有位老者丢失了一把斧头，老者怀疑是邻居家的儿子偷的，于是就格外留意他，总觉得他走路、说话等行为，无不显示着他就是那个偷了东西的人。不久，老者又一次上山砍柴，在他经常去的山谷里找到了自己的斧头。当他再留意邻居家儿子的行为时，发现他没有一个行为像偷斧头的人了。

　　我们来分析一下这个故事，在老者刚丢失斧头的时候，他并不认为这件事情会发生，或者说他不能接受斧头丢失这个事实，于是他的情绪产生了（经过他头脑中认知评价系统的加工后，他内在的世界与外在的客观事实之间产生了强烈的矛盾与冲突）。情绪促使他开始到处寻找斧头的去向，由于他一直觉得邻居家的儿子不像好人（非理性信念），所以他便怀疑是邻居家的儿子偷了斧头（由于认知评价系统的定式影响，他会以管窥天，从而失去客观和理智的眼光，片面地寻找蛛丝马迹来印证自己偏激的结论）。当他带着这种主观想法去观察邻居家的儿子时，就怎么看怎么觉得他偷了自己的斧头。直到最后在山谷里找到了斧头，老者才放下自己的偏见（非理性信念被撼动，认知被打破），此时老者再去看那个邻居家的儿子，就不再觉得是他偷了斧头。冲突消失了，情绪消失了，老者的生活回归了正常。

　　我们可以看到，信念会决定情绪反应，会决定想法和行为，会决定你在遇到挫折和困难时的态度，会决定你的内心是消极的还是积极的，会决定你是一个什么样的人，会决定你的理想和追求，会决定你的生活，甚至会决定你这一生的命运。所以情绪管理最主要的就是潜意识中对信念的管理，这依靠的是认知评价系统。认知评价系统越完善，你的心智就越成熟，你的情绪管理能力就越强，最终心理素质越强。我们所要做的就是，尽量让认知趋于客观，让信念趋于积极。头脑中的认知信念越是客观积极，你与自己的关系，与外界的关系，就会越和谐，你就越能够理解自己、理解外界，你的内心也就越平和。

当然，除了信念，欲望和需求都会引起我们的情绪，它们都是以你的"自我"为土壤而生根发芽的。基于"自我"趋利避害的本能，你会不断地衍生出各种欲望和需求，不断地产生各种认知和信念。这些欲望、需求、非理性信念，会与这个客观的世界不断地产生摩擦和冲突。我们无法消除自己的欲望和冲动，但是我们可以通过调整自己的认知和信念，去引导和改变自己的欲望和需求，从而调节自己的情绪状态。所以，你需要不断地调整和成长，才能适应所处的环境，才能更好地实现自我。

情绪的意义

情绪是问题的警报器。当你遇到各种问题的时候，情绪便会产生，它会提醒和催促你去解决问题。

需要注意的是，这个所谓的"问题"是你头脑中的认知信念所认为的问题。这个世界本身没有问题，一切都是自然地发生与存在的，但由于我们降生到这个世界之后，成为与这个世界对立且统一的个体，我们既保持独立，又与外界互相依存，所以为了保护自己、趋利避害，我们就会与问题相伴。

我们怎么才能觉察到问题呢？怎么才能感知到问题的好与坏呢？怎么才能知道问题对我们有利还是有弊呢？为了及时发现问题，分辨它是好是坏，各种情绪随之产生。好的情绪叫作正面情绪，它让我们感觉舒适和快乐，说明此时出现的事件对我们有利，是没有问题的；坏的情绪叫作负面情绪，它让我们感到难受和痛苦，说明此时出现的事件对我们有害，是有问题的。情绪可以让我们更好地保护自己，及时地发现和分辨问题，这就是情绪的价值和意义。

但需要注意的是，当坏情绪的警报器拉响并感知到问题的时候，我们要去解决问题，而不是解决情绪。很多人在这上面犯了错误，他们没有去解决问题，而是想着跳过问题去解决情绪。这就像家里的燃气警报器响了，你不去检查家里的燃气管道或联系相关部门报修，反而因为忍受不了警报器刺耳的声音直接过去拔掉警报器。问题依然存在，而且更加隐蔽和麻烦，这就造成了一个很大的隐患，就像埋了一颗地雷，不知道哪天就会爆炸。

举个例子，曾经有个朋友向我寻求帮助，说以前的同事污蔑她偷东西。这件事情虽然已经过去很久了，但她依旧不能释怀，非常痛苦，每每想到这件事情，她都恨不得想要和这个同事"同归于尽"。现在她整天浑浑噩噩，生活受到了严重影响，她急切地想知道如何才能不再因为这件事情而那么焦虑和痛苦。这个朋友明显犯了一个错误，她应该做的是解决问题，而不是解决情绪。她现在寻求帮助没有错，但她的目标是错误的，她不应该只关注情绪，而是应该关注引发情绪的问题。比如，当被污蔑时，她应该搞清楚她的同事是故意的还是存在误会，如果是故意的，没有证据就污蔑一个人，是要负法律责任的。她可以选择报警，目的不是去改变对方的态度，而是证明自己的清白；同时，她也可以通过发脾气来表达自己的不满。当然，她还有很多其他的事情可以做，但她过早地拔掉了情绪的警报器，忍气吞声，逃避和掩盖了问题，以至于把问题搁置到现在，导致焦虑和痛苦。

今天，她又想拔掉情绪的警报器，想要尽快消除焦虑和痛苦，企图继续搁置问题。事情已经过去很久，我们无法回到过去，她当初被冤枉，现在耿耿于怀，是非常正常的现象，毕竟受了很大的委屈。但她为什么不接纳这些应该有的焦虑和痛苦呢？为什么不去正视情绪给她的警报呢？为什么不去仔细审视情绪背后的问题呢？面对问题，她有两种选择，她可以选择接纳情绪、直面问题，也可以选择抗拒情绪、逃避问题。选择前者，她就会总结经验、自我成长；选择后者，她就会陷入焦虑、止步不前。如果她选择接纳情绪、直面问题，人生的问题就会逐个被解决。比如，她可以选择离开这家公司，重新开始生活，换个新环境，让自己冷静下来，让情绪警报器远离事故地点。她也可以选择深入问题本身，发现自己情绪背后的真正问题，由此总结经验，学会更好地应对他人的污蔑，更好地维护自己。比如，虽然她的同事冤枉了她，但并不代表所有人都会冤枉她，虽然有的人会嘲笑她，但同样也有很多人同情她。她非常在意别人的眼光，但别人怎么看她，永远是别人的事情，重要的是她如何看待自己，因为只有她才能为自己负责。所以，她需要看清真相。我们无法改变别人，但是，我们可以决定对待自己的态度。也就是说，经过这件事，她有没有可能学会如何去爱自己呢？有没有可能学会如何与自己和解呢？很明显，这些她都没有学会，因为她一直在忙着消除情绪，她看不到也不愿意看清情绪背后真正的问题。所以，这次被污蔑的经历，换一个角度看，是否也是命运对她的一种馈赠呢？

这个例子，其实就很好地说明了那些只想快速解决情绪，而非耐心地解决问题的情况。如果她能正确地看待情绪，从接纳情绪入手，她就可以很好地面对问题，顺利地完成人生考试，交上一份漂亮的答卷。

我们遇到的每个问题都是人生的课题，我们需要解决的是问题本身，而不是情绪。情绪无比伟大和神奇，它不是你的敌人，而是你身边的护卫，是你最忠实的朋友。把情绪当成识别人生问题的警报器，用于警示自己；把人生问题当成看清真相、学会本领的契机，用于自我成长。

请记住：真正的问题不在于情绪，而在于情绪的背后——你为什么会产生情绪？

心智的成长

焦虑、紧张、愤怒、悲伤、痛苦等情绪被人们视为负面情绪，因为这些情绪会让我们产生不舒服的感觉。负面情绪不仅会影响我们正常的学习、工作和生活，长期处在这种情绪中，还会严重影响我们的身心健康。负面情绪人人都会有，几乎每天伴随着我们，但是很少有人真正地懂得如何更好地应对和处理负面情绪。

当我们感觉有负面情绪产生的时候，第一反应往往是尽快摆脱这些负面情绪，习惯性地和情绪对抗，想要压抑和消除情绪，这种习惯往往是错误的。就像你陷入了沼泽，越想极力地摆脱沼泽，你就会陷得越深。情绪也是，你越想摆脱情绪，越抵触情绪，情绪就会越激烈，于是你就会进入一个死循环。所以抵触情绪是错误的，犹如饮鸩止渴、抱薪救火。

情绪是人类的一种重要行为反应，是自我保护的警报器。当我们遇到问题的时候，外界的信息通过人体的感觉器官进入大脑，大脑会处理分析信息。当警报器识别出有害信息时，情绪便会被触发，你会产生相应的情绪反应，进而你的身体也会产生相应的应激反应。比如，当你面对手持武器正要攻击你的歹徒时，信息会通过你的眼睛传递给大脑。警报器识别出有害信息，你会产生紧张、焦虑和恐惧的情绪，进而产生身体上的应激反应，如呼吸急促、心跳加快、血液流动加速、肌肉紧绷，你会攥紧拳头准备战斗或迅速逃跑。

当身体出现问题时，疼痛和不适就会来提醒你；当在生活中遇到问题时，情绪这个警报器就会被触发，会通过产生各种不舒服的情绪来提醒你。比如，被人指责时，你可能会产生愤怒、焦虑和悲伤等情绪；被人欺负时，你可能会产生恐惧、焦虑、愤怒、悲伤和抑郁等情绪；失败时，你可能会产生沮丧、焦虑、悲伤、自责和抑郁等情绪；撒谎时，你可能会产生紧张、焦虑、愧疚和懊悔等情绪；遇到心爱的人时，你可能会产生紧张、焦虑、兴奋、开心和担心等情绪；遇到讨厌的人时，你可能会产生厌恶、愤怒、紧张、焦虑和恐惧等情绪。总之，在遇到各种问题的时候，你会产生各种不同的情绪，这些情绪无不在警示你——问题来了。

但有时并不一定是问题真的来了，而是我们认为问题来了。因为事件本身并不会引起我们的情绪，事件经过我们头脑中认知信念的加工才会产生情绪。潜意识的信念是沉淀于我们大脑中的信息，这些信息无时无刻不在影响着我们，我们并不需要刻意调取它们，它们就会对我们的情绪和行为产生作用。比如，对于狮子的恐惧，只要看到狮子，我们就知道有危险，我们不用去分析它的利齿尖牙，它的凶猛强悍，它的嗜血残暴，不用去思考这些因素会给我们带来何种威胁。当狮子出现在我们眼前时，我们的第一反应就是害怕和逃跑，因为在潜意识里，狮子会吃人。我曾经看过这样一个视频，有个人去别人家做客，这家人养了一头狮子作为宠物，这头狮子因为长期与人类生活在一起，经过驯化，与人类特别亲近。客人在来做客之前也了解了相关情况，做了充足的心理准备，可是当他看到狮子时，依旧表现出了恐惧。在狮子追着他时，他被吓得惊慌失措、屁滚尿流，逗得在场的人哄堂大笑。狮子的凶猛和残暴早就深深地刻在了他潜意识的信念之中。除非他经常来这位朋友家做客，并慢慢地与这头狮子熟悉，"狮子会吃人"的信念才会在他的头脑中慢慢地改变，也许他就不会如此恐惧了。

所以情绪的关键在于认知信念，你的认知信念越客观、越全面、越中立，你的警报器就会越灵敏、越稳定、越智能；你的认知信念越主观、越片面、越偏激，你的警报器就会越迟钝、越不稳、越死板，导致经常出现错误。这就像室内的烟雾警报系统，越是简单落后的警报系统出现错误的概率越大，在不该报警的时候报警了，在该报警的时候却失灵了。如果是那种经历过多次改进的烟雾报警系统，它会更加智能、更加先进，功能也会更加全面，出现错误的概率更小。

所以掌控情绪的关键在于改变信念，信念的改变在于提升认知，你要不断地通过自我意识和自我觉察去修正自己的认知评价系统，否则那些固有的、过时的认知信念，会一直潜伏在你的潜意识里，暗暗地影响你，你就会很容易产生错乱的情绪反应。就像上面的那位朋友，他明明知道朋友家的那头狮子不会伤害他，他还是非常恐惧，情绪警报器还是会不断地被触发，导致他惊慌失措、惶恐不安。他若想摆脱这种慌乱的情绪状态，就要频繁地与狮子进行接触，慢慢地打破固有的认知信念，更新和完善自己的认知评价系统，让情绪警报器更加稳定，由此他才不会总是惊慌失措。

举个例子，一个在霸凌中长大的孩子，他的头脑中会形成固有的认知信念，他会认为自己没有价值，不被人接纳，不讨人喜欢，他会极其渴望被接纳和认可，他会对爱和尊重特别痴迷，他会非常依赖他人。他过于依赖他人的看法和态度，过于依赖他人的关心和尊重，他既渴望亲密无间的友情，又极其害怕受到伤害，这就会导致矛盾的心理。同时，由于长期被压迫，也有可能导致他形成逃避的习惯，他会默默地回避现实。他的这种过度依赖的心理及逃避的心理，会让他非常自卑，从而产生严重的精神内耗，让他很难与别人建立起亲密关系。他会特别孤独，缺乏温暖，极度缺乏安全感。他会偏激地认为自己是个无能且没有价值的人，他会认为所有人都会欺负他，形成回避型人格。由于他长期自我封闭，他也容易以自我为中心，过分地在意自己，偏执地认为所有人都在针对自己。

这就是过去痛苦的经历所形成的非理性信念产生的影响。其实，时过境迁，他的身份早就发生了多次转变，他身边的人也早就换了一波又一波，只是他的认知信念还停留在过去，潜意识认知评价系统没有更新。一旦遇到刺激，他的情绪就会产生强烈的波动，产生过多没有必要的负面情绪。他应该修正自己的认知评价系统，让其更符合客观现实。明白了这个道理，他的认知信念就会更加客观，他会以一种发展的眼光看待自己，就不会总是陷入过去的痛苦之中，获得心智上的成长。

这些固有的认知信念沉淀到了他的潜意识之中，在无形中影响他的行为，影响他的情绪，影响他的感受，进而影响他的命运。所以他需要做的是不断地修正心灵地图，让认知信念更加客观、更加全面，让心智不断成长，从而减少自我与现实世界的冲突与矛盾，达到内心的平和。

那我们该如何去修正心灵地图呢？如何去改变影响我们的那些过时的、陈旧的、偏激的、片面的认知信念呢？在第四部分中会详细介绍。

情绪更容易出现问题的人群

当了解了情绪，对情绪有了全新的认识后，我们就不会简单地视负面情绪为仇敌，而是能更加客观冷静地看待它，明白它对我们的深远意义。它不再是我们的克星，转而成为生命的护卫。它之所以给我们带来困扰，问题不在于它，而在于我们对待它的态度。负面情绪之所以产生，是因为它背后的种种因素聚合。如果漠视负面情绪背后的因素，情绪警报器的开关就会不断地被这些因素触动，加上你对负面情绪的抵触，你自然会失去对它的掌控能力。

失去对负面情绪的掌控能力，会导致情绪化，做事不够理智，产生不必要的冲突和极大的精神内耗，外在的生活难以平静，内在的心灵难以安宁。对于这种人，我们习惯称之为心理素质差的人。为什么有的人心理素质很好，有的人心理素质很差呢？他们的区别又在哪里呢？

很多人不理解，将原因归为性格、家庭、成长经历和环境等方面。但是无论如何，请把这些因素先放到一边，通常多种因素混合才塑造出了今天的你。重要的是你想如何选择，不要忘了，你是一个有自主意识的人，你有主观能动性，你有主动选择的权利，是沉浸在过去，还是基于当下开始成长，完全取决于现在的你。你需要做的，不是消除或改变现在的你，你永远是那个独一无二的你。你要做的是扫除认知上的障碍，看见那个冲突和矛盾下面的自己，看到那个被压抑和遗忘的自己，看到那个更为真实的自己，让那个更加完整更加真实的自我得以显现，让心智更加成熟，让情绪管理能力更强，从而心灵得到净化。

接下来我们来看一下心理素质差的人通常具有的特点，他们身上有没有你熟悉的影子呢？

第一种人，要求完美的人。这种人事事都要尽善尽美，容不得一丁点瑕疵。一旦达不到自己的标准和要求，他就会自我批评，以至于让自己陷入极度自责和痛苦的情绪之中，产生极大的精神内耗。当然，他也会迁怒于人或外在的环境，这也会让他和外界产生不必要的矛盾和冲突。最终他会产生大量负面情绪。

第二种人，非常要强的人。这种人对自己的要求非常高，事事都争强好胜。他性情刚烈，宁折不弯，凡事都要争个高低，容不得别人的不同意见，稍有不顺心就会产生强烈的不满。当遭遇失败或落于下风时，他会非常愤怒，要么责备自己，要么迁怒于人，容易与周围的人产生矛盾和冲突，也非常容易引起自己与自己的冲突。他不允许自己脆弱，为了掩饰自己所认为的脆弱，他会经常性地撒谎——既对别人撒谎，又对自己撒谎，进行自我伪装。他宁可强忍着伤痛，也不愿意展露脆弱的一面。这种内心的自我压抑和扭曲，会让他陷入精神内耗之中，无法自拔。

第三种人，特别喜欢操控的人。这种人凡事都以自我为中心，过度自恋，总想操控周围的一切，甚至包括他自己。他总会看这件事情不顺眼，看那件事情不顺眼，看这个人有毛病，看那个人有毛病，总觉得这个人应该这样，那个人应该那样。有时他也会这样对待自己，觉得自己这里不好，那里不好。但是很可惜，他并没有操控一切的能力，所以他陷入了无尽的痛苦之中，在其中迷失、绝望，产生精神内耗和负面情绪。

第四种人，习惯性自责的人。这种人习惯自我批评和反思，遇到问题的时候总是习惯性地针对人，而不是就事论事。他总是从自己身上找原因，总认为是自己的错。他不能客观全面地看待问题本身，总是埋怨自己，把所有责任都归咎于自己，以至于让自己陷入压力之中，产生极大的精神内耗和强烈的负面情绪。

第五种人，习惯责备别人的人。这种人习惯批评和埋怨别人，极少自我反思，习惯把责任推给外界，归咎于别人，从不从自身找毛病，以至于和别人冲突不断。这种推卸责任的习惯会导致一个严重的问题，由于他根本不去面对和解决问题，他的心智永远无法获得成长。现实中的问题会不断累加，他与外界总是矛盾重重，压力与日俱增，这会让他陷入无尽的烦恼和痛苦之中。他十分痛苦，也不一定能够进行自我反思，因为他已经习惯了把矛头指向外界。

第六种人，习惯性回避的人。这种人总是掩饰、隐藏和封闭自己，一旦遇到问题就习惯性地退缩和逃避。在外人看来，他的性格非常内向，甚至有些孤僻。他习惯隐藏和压抑自己的情绪及感受，目的就是保护自己。这种行为的产生往往是因为缺乏安全感，当他养成了隐藏、掩饰、封闭、退缩和逃避的习惯时，他就会习惯性地通过这些行为来保护自己。即便他的处境非常安全，他还是会沿用这种回避性的行为模式，如果你问他为什么会这样，他自己可能都不知道原因。这种焦虑、恐惧和不安的感受，严重影响他的生活和工作。

第七种人，非常懒惰的人。这种懒惰既包含身体上的懒，也包括心理上的懒。对于生活中的各种问题，他期望问题自行消失，或者干脆把问题搁置，不愿意付诸行动。他也不愿意深入思考自己所遇到的问题，总是敷衍了事，最终导致自己的心智停止成长。自身问题一再叠加，最终内心承受不住，被问题压垮。这种习惯往往来自原生家庭。这种懒惰，会给他带来无穷无尽的烦恼。

第八种人，非常极端的人。这种人看事情是主观的、片面的，采用非黑即白的思维模式。比如，善与恶、好与坏、成与败、得与失等，他的思维里没有中间地带，只有简单的二元对立。当他看到别人开心时，他就会认为别人的生活是绝对快乐的，他看不到别人痛苦的一面；当他自己遭遇不如意时，他就会陷入极度痛苦之中，他会认为自己是一个不幸的人，忘记生活中美好的一面，忘记生活的丰富多彩。他拿着放大镜看着自己和这个世界，坐井观天、一叶障目，不能全面客观地看待问题，非常容易陷入极端，产生负面情绪。

第九种人，不敢承担责任的人。这种人把对自己价值的判断及自己的责任全权交给了外界。也就是说，他自己的是非对错，他说了不算，别人说了才算。这种人是典型的自卑的人，他非常在意别人的看法，不相信自己，不相信自己的感受，自我价值感非常低。在做任何事情之前，他总是想着应不应该，很少去想自己到底想做还是不想做，自己到底喜欢还是不喜欢。这种人最大的特点是没有主见，总是需要别人给他下命令，依赖别人，不相信自己的判断，不敢承担责任，所以他总是举棋不定、优柔寡断。不仅别人的看法会严重影响他，甚至他自己头脑中所习得的各种观点也会成为他的困扰。所有这些都会成为凌驾于他之上的评判者，让他胆战心惊、如履薄冰。他忘记了自己才是自己的主人，一味地通过外界的标准来衡量自己，痛苦不堪，严重地压抑着自己，活在自卑的情绪之中，慢慢地失去自我。

第十种人，上面几种类型的综合体或某几种类型的混合体。但是他的痛苦是一样的，他与自己冲突不断，与外界冲突不断，被负面情绪困扰和折磨，难以应对现实生活中的各种问题。

事实上，所有人都可能会在上面的描述中找到自己的影子，因为每个人都不是完美的，我们都可能是问题的一部分。

这些人有一个共同特点，即自我强大。自我强大不是指能力强，而是指自身强大。也就是说，假如他是错的，那么他越强大，他的错误越强大，他所遭受的痛苦也越多。他有着强大的意志力，不屈服于现实，强大的自我、现实世界及现实世界中的自己，处在矛盾之中，这就让他总是与自己冲突不断，与外界冲突不断，极易处在焦虑和压力之中。这也就是佛家所说的"我执"。如果你去问信佛的人，如何才能平和安乐呢？我想他一定会回答："放下执着就可以平和安乐。"但这个答案未免太过笼统，具体要放下什么呢？你的执念是什么呢？究竟又该怎么放下呢？我们将在后文给出答案。

2

第二部分

放下与建立，重获新生

放下责任，建立边界：谁的人生课题

第一个要讲的是放下责任，建立边界。

有的朋友可能不太理解，责任为什么要放下呢？责任不是应该要勇于承担吗？我们是要勇于承担责任，但是，如果不是你的责任呢？你还要承担吗？你想过承担的后果吗？

首先，如果承担了别人的责任，那么就一定要承担责任带来的压力和问题，如果你总是承担不属于你的责任，你的负担就会越来越重，压力也会越来越大，直至你的内心无法承受，进而崩溃。

其次，你承担的是别人的责任，大多数情况下你很难直接解决别人的问题，除非别人主动寻求帮助，否则你很难去帮助一个不愿意接受帮助的人。我们或许能改变自己，但是很难去改变别人。因此，当你试图去"帮助"别人时，你就很难控制引起问题的因素，这必然就会导致挫败，因为你根本无法解决问题。你的一厢情愿除了带来你与别人的冲突与矛盾，还会引起自身不必要的愧疚与自责。

最后，你抢夺了别人的责任，让别人失去了承担自己责任的机会，也就意味着你让别人失去了心智成长的机会。这就像参加学校的测试，这本身是别人的试题，在没有经过别人同意的情况下，你却一味地抢着替别人答卷。你自己的试题做得一塌糊涂，却总想着替别人答题，最后你不仅耽误了自己的时间，也耽误了别人的时间，让别人失去了锻炼的机会。

像这种没有边界感、分不清责任的人，往往会走向两个极端：要么去攻击别人，要么去责备自己。如果他习惯埋怨别人，那么他就会成为一个强势且胡搅蛮缠的人；如果他习惯责备自己，那么他就会成为一个自卑且敏感多疑的人。

如果这种人习惯去攻击别人，由于没有边界感，那么他总是会依着自己头脑中的认知和价值观来"替别人着想"。名义上是打着爱的旗号，他心里也确实是这么认为的，但其实这根本不是爱，而是操控。他总认为自己是正确的，别人要按照他说的去做他才会放心，这明显就是越界。

很多家长非常容易犯这方面的错误，对于自己孩子的成长，总是会过度帮扶，过度参与。在孩子很小的时候，他们依赖于家长，家长有权利和义务照顾他们。但是随着孩子长大，家长要学会慢慢放手，让孩子承担起属于他自己的责任，直至孩子最终彻底独立。诗人纪伯伦在他的诗中这样写道：

> 你的孩子，其实不是你的孩子，
> 他们是生命对于自身渴望而诞生的孩子。
> 他们通过你来到这个世界，却非因你而来，
> 他们在你身旁，却并不属于你。
> 你可以给予他们的是你的爱，却不是你的想法，
> 因为他们有自己的思想。
> 你可以庇护的是他们的身体，
> 却不是他们的灵魂，
> 因为他们的灵魂属于明天，
> 属于你做梦也无法达到的明天。
> 你可以拼尽全力，
> 变得像他们一样，
> 却不要让他们变得和你一样，

因为生命不会后退,
也不在过去停留。
你是弓,儿女是从你那里射出的箭。
弓箭手望着未来之路上的箭靶,
他用尽力气将你拉开,使他的箭射得又快又远。
怀着快乐的心情,
在弓箭手的手中弯曲吧,
因为他爱一路飞翔的箭,
也爱无比稳定的弓。

孩子借助父母来到这个世界,他们是独立的生命,独立的个体,有自己的责任和使命,有自己的需求和想法。有的父母无法意识到这一点,总是想操控孩子,对他们来说孩子不像一个独立的个体,更像隶属于他们的一件物品。他们总是千方百计地设计和操控孩子的人生,还会冠以各种理由,如担心孩子的生命安全,担心孩子的学习成绩,担心孩子以后的生活等。其实家长有这些担心是很正常的,只是不能因为担心而干扰了理智的行为和正确的决定,这不能成为剥夺孩子自由的借口,不能成为抢夺孩子人生课题的托词,不能成为扼杀孩子心智成长的理由,不能成为发泄情绪的挡箭牌。当我们过多地承担了本来应该属于孩子的责任时,最终你会发现,你培养出一个毫无自理能力、不能承担责任、严重缺乏主见的巨婴。

如果父母一直替孩子穿衣服,喂孩子吃饭,强迫孩子学习,干涉孩子交朋友,甚至具体到每一个细节,到最后不仅把自己累个半死,你还会发现你和孩子的关系越来越差,更严重的是孩子会越来越向你所期望的相反方向成长。孩子变得越来越懒惰、任性,意志力越来越薄弱。由于管理和限制太多,他们甚至连最起码的创造力都可能会丧失,变得麻木呆滞,缺乏心理抗压能力，心灵变得脆弱易碎。最后不仅父母痛苦，孩子也痛苦，父母严重地耽误了孩子，耽误了他们成为更好的自己。命运所射出的那把孩子的生命之箭，被父母用绳索牢牢地固定住，最终孩子沦为父母手中的一个提线木偶。

当然，如果孩子进入了叛逆期，他也很有可能会学父母，有模有样地开始操控父母的人生，千方百计地让父母生气、失望和痛苦。孩子不仅想报复父母，也因为受了父母的影响，他们根本就不懂尊重，也不懂如何尊重别人。他们会没有边界感，最终和父母一样，也会经常无意识地干涉别人的生活。

如果你的爱人、父母、朋友、同事、亲戚也是这种人，千万不要想着去改变他们，除了给他们建议，剩下的就是尊重他们的选择。如果你总想去改变他们，那你就成了和他们一样的人，你也越界了。你能理解他们、原谅他们和包容他们最好，否则就离他们远些吧，不然你们之间一定会经常爆发矛盾与冲突，最终落得个不欢而散的结局。

我们再来看，如果这种人更多的是习惯责备自己，那么就会更加麻烦。由于他与别人没有边界感，他不仅会越界打扰别人，让别人产生困扰，他甚至还会频繁地攻击自己，以至于让自己产生严重的心理问题。他会把身边出现的所有问题都归因于自己，给自己带来许多烦恼。当出现问题的时候，他总会觉得是自己的错，他经常自我批评和反思，他非常容易自责，陷入内耗的情绪之中；他非常自卑和敏感，容易出现心理问题。

举个例子，曾经有个朋友咨询我，说他非常痛苦，持续了将近20年。最近发生一件事情令他更加痛苦了。他碰到了曾经暗恋的女孩，他在上学期间，一直暗恋着同班的女孩，也经常向那个女孩示好，但一直没有勇气表白。他们毕业以后，这个女孩嫁给了他们班的另一个男同学。这让他备受打击，他一直想不开，陷入了无尽的烦恼和痛苦之中。他开始自我怀疑，是我哪里不好吗？是我做得不对吗？她为什么不喜欢我呢？她到底有没有喜欢过我呢？她为什么嫁给了别人呢？这些问题一直萦绕在他的脑海里，让他痛苦不堪。他一会儿埋怨和谴责女孩，一会儿又埋怨和谴责自己。

他的问题就出在责任划分上，他没有分清自己和女孩的边界，没有分清人生课题。喜欢女孩，对女孩示好，追求女孩，这是他自己的责任，是他自己的人生课题。但是女孩喜不喜欢他，选择嫁给谁，这是女孩的责任，是女孩的人生课题。这个朋友，很明显就没有边界感，他既没有很好地承担属于自己的责任，还总是习惯性地想要越界承担属于女孩的责任，必然会给他带来本不应该承担的压力。他喜欢这个女孩，他可以主动追求和表白，如果这么做，他就勇敢地承担了属于自己的责任，解决了自己的人生课题。但他没有勇气表白，这是他自己的选择，他去承担这个行为所带来的后果就可以，这才是他自己的责任所在。毕业后女孩没有选择他，他深感困惑，他想知道原因，这也是他的人生课题，是他自己的责任所在，他完全可以主动向女孩或女孩身边的朋友询问原因，解决他的这个困惑。但他不好意思或不敢打听，这也没关系，他承担相应的后果就可以。即便女孩选择了一个错误的人，那也是她自己的选择，是她自己应该承担的责任，与这位朋友没有任何关系。

他纠结的是女孩有没有喜欢过他，这个纠结是完全没有必要的。女孩喜不喜欢他，是女孩的事情，即便女孩确实不喜欢他，但并不代表别人不喜欢他，更不代表他有问题。这其实就像路边有一朵花，这朵花本来在路边开得好好的，突然围过来一群人，开始指指点点，有人说花好看，有人说花不好看，这些人你一句我一句争得面红耳赤。面对这些评价，这朵花到底该作何反应呢？它是该痛苦还是该高兴呢？这些人的评价是基于自己的喜好和价值观，引起他们情绪的是自己头脑里的认知和信念。很明显，这是他们自己的责任，是他们自己的人生课题。至于这朵花，做好自己就可以，该盛开的时候盛开，该成长的时候成长，这才是它的责任。所以，在面对各种指指点点时，是选择痛苦和纠结，还是选择从中学习和成长，这取决于你自己的决定，这是你自己的责任，是你自己的人生课题。至于别人怎么评价你，那是他们的事情，是他们的人生课题。

对这个朋友来说，女孩究竟喜欢谁，与他没有关系，也不是他的责任，更不是他的人生课题，他只需要做好自己就可以。但是因为这件事情，他痛苦了近20年，他一直在揣测，一直在胡思乱想。与其自己胡乱臆测，倒不如大胆去表白，这是他在上学期间就应该学会的人生课题。但是他一直在拖延，一直在逃避自己的人生问题，直到今天还是像当初一样，选择了一种退缩的人生模式，这就导致他在生活中非常被动，以至于到现在还是单身。他一直沉湎于过去，一直活在对过去的悔恨之中。同时，他边界不清，责任不分，既不懂得尊重别人，也不懂得尊重自己，总是越界承担了许多不属于自己的责任。承担了责任又不愿意成长，更没有能力解决问题，这就导致他内心充满怨恨、愧疚和自责等情绪，不断去攻击别人或攻击自己。他能不能在痛苦中觉醒，能不能让自己的心智获得成长，能不能让这个问题解决，都是他的责任和人生课题所在。

他最大的特点是过度在乎别人的想法和感受，在乎别人的心情和需求，这看上去非常善良，他自己也觉得自己很善良。善良没有错，同情别人也没有错，但当你越界的时候，问题就来了。照顾别人的感受和想法，照顾别人的心情和需求，都没有问题，因为在生活中人与人之间需要彼此照顾，彼此关心，彼此同情，如此才能更好地合作，才能获得心灵的慰藉，互相温暖，建立良好的人际关系。但是，我们没有让别人必须接受照顾的权利，除非经过允许，否则你就是在侵犯别人的边界。别人的感受，别人的心情，别人的需求，那是别人的事情，是别人的责任，是别人的人生课题，与你没有任何关系。你能做的就是尊重别人及尊重自己。别人有责任让他自己开心，你也有责任让自己开心。如果你为了让别人开心而去伤害自己，这是你的选择，出了任何问题你都要自己承担，你没有任何理由埋怨他人。如果你没能让别人开心，也没有必要埋怨自己，因为这不是你的责任，如果他选择不开心，你又有什么办法呢？

这位朋友非常心累，非常敏感，总会担心自己做得不够好，总怕别人不高兴，总是过度考虑别人，过度顾及别人的心情，边界不清、责任不分，常常因为别人的事情而过度自责和难过。造成他这种边界不清、责任不分状态的除了习惯和认知，还有一个非常重要的因素，就是他的内心有一个非常大的需求对于爱和尊重的渴望。这个渴望是一个强大的自我，受这个自我的影响，他开始承担不属于自己的责任，他甚至希望每一个接触过的人都能喜欢自己和尊重自己，否则他就会非常难过和生气，这时他不仅会埋怨别人，也会攻击自己。"一人难称百人心"，面对同一种行为，100个人就可能出现100种不同的态度，你怎么能指望遇到的每一个人都喜欢你呢？如果你总是被欲望和习惯驱使，盲目地越界插足到别人的人生中，企图操控别人的思想和行为，那么这不仅会给别人带来困扰，也会给你自己带来极大的烦恼。你会因为别人不喜欢你而生气，你会因为别人不开心而自责，你会因为别人的事情而烦恼不断。此时的你有着强烈的需求和渴望，有着强烈的控制欲，有着强大的自我，这让你失去了理智，超越了边界，混乱了责任，做出了越界的行为和举动。你总是想去操控别人，这就会给你带来过多的精神压力和烦恼。

这位朋友总是容易把操控、爱和善良混淆，认为自己是在爱别人和关心别人，认为自己的行为是善良、正义的举动，但其实质是操控别人、干扰别人的生活。他并不坏，而且真的认为自己是在爱别人，真的认为自己非常善良。操控、爱、善良最大的区别就是"无我"，真正爱别人和关心别人的时候是忘我的，真正善良的时刻也是忘我的。但这位朋友不仅没有忘我，反而还有着一个非常强大的自我。他从自己头脑中执着的信念和欲望出发，铲平一切不同的意见，不经他人许可，干涉着他人的行为和想法，其实质就是操控，而非爱和善良。真正的爱和善良是尊重，是接纳，是包容。

所以，我们要切记，当别人真的向你寻求帮助时，你可以给别人建议或帮助他，但不要随便越界干涉别人的生活。每个人都应该先为自己负责，而后才是为他人负责，这不是自私，而是对他人的一种尊重。当你总想为他人负责的时候，你要好好想一想，你经过他人的同意了吗？否则你所谓的无私行为，很容易就会演变成一种蛮横的举动。

我们究竟该如何划分自己与别人的责任呢？这里面有个非常重要的依据，即看最终是谁来承担问题所带来的后果。上面那位痛苦了近20年的朋友，因为女孩不喜欢他、没选择他而痛苦，这个执念所引起的苦果由他自己来承担，这就是他的责任，是他的人生课题。他需要为自己负责，需要承担起自己人生的责任和使命，他要从痛苦与失败中学习和成长，形成更加客观的认知和信念，做出对他更加有利的选择和决定。

人生的很多问题其实就出在这里，分不清自己和别人的边界，做出越界的事情，既打扰了别人，也耽误了自己；既伤害了别人，也伤害了自己。所以这个时候我们要学会建立边界，尊重他人，要分清责任及人生课题。

由于过去的思维惯性，你可能需要相当长的一段时间才能形成责任的边界感，学会尊重他人和尊重自己。这没有关系，你要给自己时间，随着不断努力，你会越发地熟练，成功地交上你的人生课题的答卷，摆脱责任不分、边界不清的状态。

放下要强，建立平和：蛇咬尾巴的诅咒

有的朋友在生活中总会特别累，有时也深受自卑的困扰，但他自己也不知道为什么。我们可以想象这样一幅画面：一条蛇咬住了自己的尾巴，它感觉非常疼，越疼它咬得越紧，咬得越紧它就越疼，直至最后把自己咬死。

人的要强又何尝不是如此呢？在第一部分中，我曾经简单提到过，如果一个人特别要强，事事争强好胜，他就容不得别人超越自己，也容不得自己失败。他总是对周围的人充满警惕和敌意，对自己也不够宽容，他甚至不允许自己产生恐惧、焦虑、紧张等正常的情绪。他不能理解自己的客观处境，而是把这视为无能的表现。他会想方设法逃避这些情绪，认为只要自己足够强大，摆平一切，就不会产生这些情绪，不会产生这些痛苦。他之所以产生这些负面情绪，是因为自己太过无能和懦弱。

这其实是非常错误的想法，如果这样想的话，当问题再次出现的时候，当他再次遭遇挫折的时候，他依然会感到万分沮丧、焦虑、自卑、愤怒和恐惧。他会极度自责，想要抗拒这些情绪，这种自责、逃避和抗拒的心理反而会加重他的负面情绪，加重他的心理负担，他会成为一个心理素质极差的人。就像上面蛇咬死自己的例子，他越要强就越不允许自己失败，越不允许失败就越焦虑和痛苦，越焦虑和痛苦他的心理承受能力就越差，心理承受能力越差他就越容易失败，越容易失败他就越想要变强，越想要变强他就越不允许自己失败……于是，他陷入了恶性循环，周而复始，直至精神崩溃，就像蛇把自己咬死了。

当他对抗自己，企图逃避这些情绪的时候，其实也是在逃避问题本身，他无法直面问题，无法承担自己的责任。他并不是不够勇敢，也并不

是无能，而是他的过度要强给他带来了极大的精神压力，这种难以忍受的感觉就会让他想要逃避，所以他根本无法面对现实问题。同时，他的自我内耗也耗费了他的大量能量，让他没有多余的精力再去面对和解决生活中的问题。

举个例子，有两个人，他们都要走一段漆黑的夜路，都要路过一片墓地。一个人特别要强，他不允许自己产生恐惧的情绪，他认为这是懦弱的表现。而另一个人非常理解自己，他知道人在走夜路时会害怕，这很正常，何况还要经过墓地，所以他接纳自己的情绪，并不对此太过纠结。这两个人谁的心理负担更轻呢？很明显是后者。谁的精力更加充足呢？很明显也是后者，因为前者的精力都耗费在了自我对抗上。谁更有可能把这段夜路走完呢？很明显也是后者，因为前者估计走到一半就已经精神崩溃了。前者过于要强，不能正确客观地理解自己的处境，不能直面自己的恐惧，不能接纳自己正常的情绪，总是压抑自己。如此一来，他会给自己带来极大的精神压力，也就无法面对这条夜路，更无法面对那片墓地了。

所以，如果他能意识到自己的要强，理解自己的客观处境，接纳这些本能的情绪，他就不会自我对抗，不会想着摆脱这些正常的情绪，不会产生过多的精神内耗，更不会总是自责、自卑和焦虑。他可以拿出更多的精力和勇气处理问题，而不是无谓地沉浸在自我对抗之中，徒增烦恼，这对于解决问题没有丝毫作用。

过度要强，还容易滋生嫉妒心和虚荣心，容易让人迷失自己，失去自信。比如，他看到别人干什么，他就干什么，哪怕这件事情本身不是他想做的，甚至是对他不利的，但是只要能满足他的争强好胜之心，他都会不由自主地一股脑扎进去，陷入蛇咬尾巴的困境。此时，他陷入精神内耗，对内对外都产生强烈的对抗，他会长期处在焦虑、烦躁、沮丧、抑郁的情绪之中，慢慢失去了自我，失去了自信。他最应该做的不是关注别人，而是多关心自己，多倾听自己内心的声音，明确自己喜欢什么，擅长什么，想要什么，而不是模仿别人。好胜心，让他失去了自我，忘记了本心，失去了内心的平和。

当然，人人都会有好胜心，都希望自己能够得到足够的尊重和认可，有足够的存在感。所以当每个人都为此而努力的时候，这个世界就免不了竞争。竞争在人类社会中无处不在，如体育竞技、儿童游戏、数学竞赛、科技竞争等。好胜心是我们生命的一部分，竞争也是世界的另一面，我们没必要消除它，也没必要把它当成敌人，它是趋利避害的必然结果。如果没有好胜心，我们就会不思进取；如果没有好胜心，我们的祖先或许早已消亡；如果没有好胜心，我们的人生也就太过乏味而缺少激情。在竞争中所产生的紧张、焦虑和恐惧都是正常的情绪，我们无须抗拒这些正常的情绪，也无须消除好胜心，我们要做的是认识它，并学会运用它，在该放下它的时候放下它，在需要它的时候拿起它。比如，在工作和学习中，处理这些事情的能力都是可以通过你的努力而不断精进的，也对你的人生有益，那么这个时候我们就可以合理地运用自己的好胜心。那我们什么时候该放下好胜心呢？如在生活中，当面对爱情、亲情和友情时，我们需要的就不再是好胜心，我们没必要争强好胜，我们更需要的是理解、宽容、同情和爱。

当然，需要注意的是，当竞争的执着之心已经让你非常痛苦，让你失去了自己时，你就要停下来，好好地去感受一下自己的内心。这真的是你想要的吗？这真的是你喜欢的吗？要记得，一个人最终的竞争是与自己的竞争，这种竞争不会带来痛苦和空虚，只会让你越来越充实和满足，因为你永远都会比昨天的自己更强一些，你的关注点不会停留在别人身上，也不会停留在自己身上，而是永远集中于事情本身，这是一种忘我的心理状态。

所以你要在生活中不断地锻炼自己识别好胜心的能力，准确地把它识别出来，同时要养成理解自己、接纳情绪、不自我对抗的习惯。总而言之，要学会理解自己，接纳情绪，合理运用，每当遇到困苦的时候，也正是解决人生课题的绝佳机会！

放下对抗，建立随性：放松的习惯

说完要强，我们再单独说下自我对抗，因为它太重要了，很多痛苦都源于它。

在上一节我们简单提到了自我对抗所带来的危害，既然危害这么大，为什么这么多人还是会自我对抗呢？为什么自我对抗的行为会这么普遍呢？

比如上台演讲，几乎每个人都有过类似的经历，如果你不是经常演讲，你就会很容易紧张，习惯自我对抗，产生内心斗争。你往往会对自己说："我不能紧张，我不能焦虑，我不能害怕，我不能恐惧。"一旦发现自己有了这些情绪，就开始自责和自我压抑："完了完了，我开始焦虑了，我开始紧张了，我是个胆小鬼，我真无能，大家会笑话我的，我要掩饰，不能被大家发现我紧张……"于是你就陷入了更深的焦虑之中。你在自我对抗中神经紧绷，极大地消耗着自己的能量。你的身体会产生应激反应，会心跳加速，呼吸加快，就像遇到了多么紧急的事情一样，你急切地想要逃跑。但是，在这种情况下你又无法逃跑，于是你的内心往往就会产生更大的冲突与对抗，你会产生更大的情绪反应，你的身体会开始抖动，你的声音会开始发颤，这是自我对抗的必然结果，你的内心爆发了一场没有硝烟的恶战。由于你的自我对抗、自我责备，随之而来的就是无尽的压抑和痛苦，你根本无法集中注意力再去演讲。

但有趣的是，如果演讲者坦诚地告诉台下的听众自己紧张，他就会立马放松许多，身体的抖动也会很快消失。为什么呢？因为他坦白了，不再自我对抗了，他内心的冲突消失了，他打破了蛇咬尾巴的恶性循环。同时，如果他能做到理解自己，也能缓解自己的情绪。比如，他理解自己因为没有经验会紧张，这太正常了。同时他也明白，适当地紧张一点，反而可以帮助自己更好地集中注意力，所以他欣然地接受自己紧张的情绪。此时的他并不是盲目地责备自己，而是理解和同情自己。自我对抗的背后往往是对自己的不理解和不接纳，这种错误的方式只会激化你与自己的矛盾，只会让你更加紧张和焦虑。就像你希望缓和与某个人的关系，希望他能理解你，但你选择的不是沟通，而是强迫和恐吓，这不仅不会缓和你们之间紧张的关系，反而会导致你们之间的关系更加紧张。

再如，我们在一些重要的社交场合，有时也会感到紧张和焦虑，这都很正常。因为重视所以担忧，因为陌生所以焦虑，适当紧张反而可以让我们保持清醒，避免犯错。但是很多人习惯自我对抗，丝毫不能接纳这些正常的情绪，总是害怕别人看到紧张的自己，担心别人看出自己的焦虑，他会把这些视为无能的表现。他盲目压制自己的本性，强烈谴责自己的无能，反而会导致他产生更为激烈的负面情绪。这种对抗和自责会让他始终处在情绪低落的状态中，无法好好地展现自我，也无法关心他人，更无法专注于当下的事务。

我们再回到开头的问题，既然自我对抗危害这么大，为什么这么多人还是习惯自我对抗呢？

首先，就是因为要强，越是要强越会自我对抗。人们都希望展现自己强大而又美好的一面，这很正常，但有人会极端地认为紧张、焦虑、恐惧等都意味着软弱和无能。他们不能理解自己，不能客观地看待情绪，总是去对抗和压抑自己的情绪，殊不知越是自我对抗，情绪就会越焦灼，就如同火上浇油。我们会恐惧、胆怯、紧张，这再正常不过了。这并不代表你不勇敢，真正的勇敢不是不胆怯，而是在胆怯和恐惧中依旧选择前行。也就是说，情绪是情绪，行动是行动，你要做的不是消除情绪，而是该干什么干什么，这才是真正的勇敢。

人的身体构造和神经系统以趋利避害为基础，恐惧是人们的必备情绪。在我们大脑里有一个重要的组织——杏仁核，它能够起到保护作用，它的主要功能就是帮助我们产生情绪、识别情绪和调节情绪。如果杏仁核受到损伤，我们将无法对危险事件进行辨识和反应。精神上的恐惧就像我们身体上的疼痛，如果身体没有痛感，我们就会丧失自我防御和保护意识，我们可能会把手放入100℃的水里而毫无感觉。恐惧也是，如果没有了恐惧感，面对疾驰而来的汽车，我们不会意识到危险，不知道躲避。疼痛和恐惧都是人类的自我保护机制，所以我们天生怕死。不接纳恐惧才是懦弱，接纳恐惧才真勇敢。放轻松，你没有问题，你的问题就在于自我对抗。

其次，习惯使然。也许在你小的时候，你需要进行一定的伪装才能更好地保护自己，比如你身体有缺陷，你必须表现得坚强，你要忍住眼泪，要避免展现脆弱，防止暴露弱点，才能避免被欺负，所以你习惯了掩饰自己，习惯了自我对抗。又或者你从小接受的教育是让你坚强，是让你与自己的本性进行对抗，如大人经常对你说："男儿有泪不轻弹"，让你难以接受自己脆弱的一面。又或者你的父母经常用具有讽刺意味或命令式的语言来遏制你本能的情绪，他们总是对你说"胆小鬼""不许哭""闭嘴""没出息"等，甚至通过打骂的方式来压制你，这种长期被压制的状态，让你形成了对抗和压抑自己情绪的习惯。总之，你之所以习惯于自我对抗，与你的原生家庭、成长环境、教育经历都有很大的关系，自我对抗已经成为了你的本能。这些其实都不重要，重要的是你以后想怎样。前面说过，你是一个有主动意识的人，你有选择的权利，就看你想要什么样的生活了。通过生活中的每一件小事，你都可以识别出你与自己的对抗，把它纠正过来，到那时你会发现，原来过去的你竟然给自己徒增了那么多无谓的压力。

再次，认知信念的框架。我们被自己的认知信念框定，与自己的本性产生了强烈的冲突。弗洛伊德认为，人格结构由本我、自我和超我三部分组成。在你的头脑里有各种认知信念，有各种道德规范，这些就相当于你的超我。同样，你也有自己的本能和欲望，这些就是你的本我。当你的超我与本我产生冲突的时候，你的自我就会出来进行调停。如果你习惯盲目地压制本我，那么冲突就会进入白热化，你会产生剧烈的情绪波动。

习惯于压制本我、对抗本性的朋友，大多会以"我应该怎样"的句式呈现想法。比如，我应该严肃一些，我应该正经一些，我应该温和一些，我应该活泼一些，我应该放松一些，我应该善良一些，我应该强势一些，等等。在他们的头脑里总是充满着"我应该如何"，他们从来没有想过"我本性如何"，这就导致超我和本我失去了平衡，很容易出现心理问题。一谈到本性、本能和欲望，大多数人总会产生一种抵触感，甚至羞耻感，这其实是错误的。在尊重超我的同时，也要尊重本我，它们都是你的一部分，你需要公平、公正、合理地处理它们之间的矛盾，而不是盲目地压制或偏袒某一方，否则过犹不及，你与本性的对抗越多，你的痛苦也就越多。像这种朋友，他习惯只倾听超我的声音，而总是忽视和抵触本我，他完全活在概念里，过度地进行着自我约束，这就会导致他的本我被过度压制，他的内心便会因此失去平衡，产生极大的冲突。

适当进行自我约束没有错，但极端地进行自我约束就会成为灾难。比如，在大家放松的时候，本该尽情玩乐，但是有些朋友非常拘谨，他们也不知道原因，就是无法放松下来，好像在恐惧什么。他们恐惧的其实就是自己所设定的各种认知框架，比如，我是一个内向的人，我不能这么放肆，我应该规矩一些；我是一个严肃的人，我不能这么轻浮，我应该稳重一些，等等。这些认知大部分都是在潜意识中自动产生的，所以不太容易被察觉。这些认知成为信念的框架以后，就会化身为超我，你就不敢再越雷池半步，除非你有意识地主动改变。就像有些朋友的父母过于严格，在这种环境下培养出来的孩子往往就会过于传统和保守，他们会给自己设定很多规矩，总会过度压抑自己的本性。在大家放松的时候，他们就很难尽情地释放自己，他们会用各种思想约束自己，难以进入放松的状态，这就导致他们不能释放自己的负面情绪。长此以往，这种自我对抗就会让本性慢慢消失，严重时甚至还会造成心理扭曲。

最后，趋利避害的本能。在趋利避害的本能作用下，我们的内心总是或多或少地产生矛盾与冲突，产生对抗心理。比如，在社交当中，为了赢得他人的好感，避免矛盾与冲突，我们往往会报以礼貌性的微笑，但这种微笑其实并不是我们真正的情感，我们的内心甚至是截然相反的状态。我们可能是焦虑的、紧张的，甚至是厌恶的，但是在趋利避害的本能作用下，我们只能选择礼貌性微笑。这时的我们是压抑的，我们压抑自己真实的情绪，抵触自己真实的感受，掩饰自己真实的想法，这是一种违背本心的行为，所以我们此时的笑容往往会非常扭曲，会呈现出一种皮笑肉不笑的表情。趋利避害的本能总会或多或少地让我们产生自我对抗的心理，但是，切记不要让这种心理一直操控你，否则，当你长期压制自己的本性时，你会极其低落，非常痛苦，在自我对抗中慢慢地失去自我，走向抑郁。

你应该做的是同情自己和理解自己，甚至适当地"放纵"自己，放下自我对抗，学会随性生活，有意识地养成放松的习惯。

放下抵触，建立顺通：获得心灵的宁静

当产生负面情绪的时候，我们该怎么办呢？

前面曾经讲过，情绪是我们的警报系统，它在提醒我们遇到了问题，我们应该做的是解决问题，而不是消除情绪，否则，这和掩耳盗铃又有什么区别呢？负面情绪会让我们非常难受，我想没有几个人会喜欢负面情绪。你喜欢焦虑吗？你喜欢紧张吗？你喜欢恐惧吗？你喜欢生气吗？你喜欢痛苦吗？不，这些你都不喜欢，你都不想要。但是情绪并不是你说不要就可以不要的，它不会以你的意志为转移，它不会听从你的号令，它是我们的本能反应。

就像在野外遇到猛兽，只要你的大脑功能正常，你就一定会恐惧，恐惧就会让你心跳加速、呼吸加快、血压升高、肌肉紧绷，你会快速地逃跑。如果没有了恐惧，你就不知道害怕，不知道逃跑，哪怕猛兽把你吃了，你都不会有反应。这个让你产生恐惧的警报系统，正是为了保护你才诞生的。你可以想象一下，当你遇到一件让你非常紧张和尴尬的事情时，你的心跳得非常厉害，你的脸涨得通红，让你去控制你的心跳和脸红，你觉得可能吗？心跳和脸红是情绪的外在表现，情绪是我们的本能反应，你是控制不了的。如果非要控制，你只能闭上眼睛，捂住耳朵，堵住鼻孔，闭上嘴巴，切断思想，否则它们就会像即将决堤的洪水，越压制，洪水就会越猛烈，你越想控制自己，你的心跳和脸红就会越严重。一定要记得，情绪是控制不住的。

人之所以产生情绪，就是因为遇到了某个事件，这个事件经过认知评价系统的加工，与自己的需求产生了冲突，于是问题便产生了，相应的情绪也就随之产生。所以掌控情绪的关键，不在于情绪本身，而在于情绪背

后的问题，只要问题解决了，情绪也就消失了。我们都会遇到各种问题，有的问题可以解决，有的问题无法解决，有的问题是想象出来的，有的问题是错误认知所带来的。能解决的问题，我们解决了它，情绪自然就会平复。面对无法解决的问题，想象出来的问题，以及错误认知所带来的问题，我们该怎么办呢？

当面对无法解决的问题时，想要消除情绪，可以做到吗？可以做到。但是，如果你想的只是消除情绪，那你就必定难以做到。为什么？因为当你决定消除情绪的时候，说明你并没有把情绪当成保护你的警报器，而是把情绪当成了问题，当成了敌人。欺软怕硬，解决不了问题，你畏惧困难，于是转过头来，迁怒于自己的情绪。就像一个在外边唯唯诺诺的男人，他处理不了外面的问题，积攒了太多负面情绪，于是，回到家就总是把负面情绪发泄到家人身上，最后导致家庭关系非常紧张。外面的问题解决不了，家庭的问题愈发严重，这就让他更加焦头烂额。很多人对待自己就是如此，外面的问题解决不了，便开始迁怒于自己的情绪，对自己的情绪"又打又骂"，极力地抵制，最后不仅解决不了问题，自己内心的冲突也会愈发激烈。我们应该做的不是把情绪当作敌人，而是要认识到情绪的作用和意义，把它当成你的家人或朋友，当成问题的警报器。你首先要做的就是承认你的情绪，不论问题能不能解决，情绪的出现一定是必然的。你把情绪当成家人或朋友，当成护卫，你就会从情绪当中抽离出来，体贴自己，你内心的冲突便会随之减弱直至消失，你会感受到前所未有的宁静和幸福。

当面对想象出来的问题所带来的负面情绪时，我们该怎么办呢？曾经有个朋友咨询我，说他刚找了一份新的工作，过两天就要去上班了，但是他现在非常焦虑，每天都失眠，他担心自己不能适应，怕自己做不好，总是想着各种不好的状况。这其实就是一种想象出来的问题，在问题还没有出现时，他就已经在设想各种状况了。这本身没有问题，这也是我们趋利避害的天性使然。你越是重视这个事情，就越是对它没有信心，就会越担心和焦虑，这非常正常。只有提前做好预测和规划，我们才能够更好地规避风险和问题。但是，这个朋友的想象所带来的焦虑和紧张已经严重影响了他的正常生活，甚至可能会影响他接下来的正常工作。这就不再是一种预测和规划，而是一种纯粹的胡思乱想。其实当问题真正来临的时候，我们就会发现问题并不像我们想象的那么严重，我们因为担心才会把问题放大，导致过分紧张和焦虑。这位朋友之所以如此焦虑，是因为他非常珍惜和重视这份工作，同时对于胜任工作不太有信心，对工作环境也非常陌生，他心里充满着未知和不确定，所以他才会如此焦虑和紧张，这其实很正常。他不正常的地方，就在于他不允许自己焦虑，不允许不确定和不好的事情发生。这种对于情绪的压抑，以及对于现实问题的抗拒和逃避，就激起了他内心更大的恐惧。他第一步要做的就是承认和接纳这个正常的情绪；第二步要做的就是理解自己，理解自己的处境和情绪；第三步要做的就是尽人事，听天命，接纳所有事情的发生。当他能够真正理解自己，接纳自己情绪的时候，他就可以让内心逐渐安定下来，他就可以专心去做适当的准备了。

当面对错误认知所带来的负面情绪时，我们该怎么办呢？比如，有些人对情绪存在错误认知，这种人不能忍受自己的情绪，把情绪视为一种危害，认为情绪是痛苦的源头，总是想着消除情绪，达到一种心如止水的状态。这种认知是错误的，情绪并不是问题，情绪也没有好坏之分，它只是你问题的警报器，情绪背后的问题才是关键所在。除了无条件地接纳情绪，你还要把它当成最好的朋友或最亲密的家人，真正认识到它的作用和意义，认识到它的重要性，你才不会总是和它产生对抗和冲突，它才会帮你及时发现问题，帮你开启智慧的大门。如果你认为情绪是问题，情绪是危害，情绪是痛苦的源头，那么你就会抵触情绪。抵触情绪就是抵触自己正常的生理反应，你就一定会以失败告终，并且会激起你更大的情绪。只要能纠正自己对于情绪的错误认知，就不会总与自己的情绪做斗争，就不会总是产生自我内耗，就不会产生过多负面情绪。在生活中，我们所经历的每件事情，都是我们的人生课题，我们要在这种经历中成长，完善我们的认知，如此一来我们才能更加通透，情绪也才能更加平和。

当负面情绪来临时，你不妨试着这样做：

第一，承认和接纳情绪。

第二，理解自己，理解自己的情绪。

第三，体验自己的情绪，不去评判它，试着让情绪在你的心间流过，把它想象成一团气流，不要阻碍或抵触它，让情绪自然生发和消散。

第四，找到引起情绪的问题所在，努力处理你的问题，做你该做的事情，顺其自然。

世事洞明皆学问，我们之所以痛苦，往往是因为认知的偏差，我们看不清这个世界，看不懂事物的发展规律。我们总是以自我为中心，一意孤行，片面地看待周围的一切，所以就会痛苦、纠结，内心不能安定。我们在生活当中，一定要多去学习，随着认知不断提升，心智不断成长，我们的内心就会更加安定，这才是根本。

我们所经历的这一切，不论是好是坏，都会让我们看清真相，学会本领，成长自我，圆满心灵。

放下逃避，建立允许：积极地敞开自己

我们本能地压抑和抵触自己的负面情绪，这很正常，因为负面情绪会让我们非常痛苦，基于趋利避害的本能，我们自然会非常讨厌这些负面情绪，避之唯恐不及。但情绪是不能压抑的，你越是压抑情绪，情绪就会越激烈。轻微的情绪或许我们还能克制，但是稍微激烈一些的情绪，我们就不一定能够克制。当克制不住情绪的时候，你就会对它失去耐心，无法承受它给你带来的痛苦，你就会想要逃避。逃避一旦成为习惯，就会给你带来灾难性的后果。

我在第一部分中提到的第六种人，这种人总是习惯掩饰、隐藏和封闭自己，一旦遇到问题就会习惯性地退缩和逃避，总是回避人际关系中的冲突与矛盾，甚至回避社交本身。他之所以形成这种退缩和逃避的习惯，往往与他过去的遭遇，与他的原生家庭、教育经历和成长环境等都有很大的关系。比如，他年幼时所遭遇的事情超出了他的能力范围，他无法保护自己，也无法解决问题，这时他就会非常痛苦和无助。为了消除这种痛苦，为了保护自己，他就只能选择逃避，像鸵鸟一样，把头埋进沙子里，选择回避的行为模式。这种行为在当时会给他一种安全感，但如果长期持续下去便会形成一种固定的行为模式，这种固定的行为模式一旦形成便难以改变，他需要付出极大努力，在更大痛苦的刺激之下，才有可能突破枷锁，做出改变。

这种朋友就是因为曾经想要逃避负面情绪，养成了逃避的习惯，这种习惯会给他接下来的人生造成非常大的危害。他面对任何事情都会习惯性地退缩和逃避，带来的最直接后果就是失败，交友的失败，恋爱的失败，求职的失败，等等。这会给他造成巨大的打击，会一再地证明他的无能，

证明他无法保护自己，证明他无法为自己争取权益，他会失去自信，失去自我价值感，长此以往他就会成为一个非常自卑的人，变得敏感而多疑，逐渐把自己封闭起来，形成一种回避型人格。那时的他会给自己贴上很多消极的标签，产生很多非理性的信念。比如，他会坚定地认为自己是一个无能的人，是一个没有价值的人，是一个缺乏社交能力的人，是一个缺乏吸引力的人，等等。他会经常性地贬低自己，经常性地生自己的气。在社交中他非常害怕被别人拒绝，恐惧周围人的目光。他会回避社交，逃避人群，尽可能压抑和掩饰自己，逃避自己所有的情绪，不论是积极的还是消极的，不论是快乐的还是痛苦的。在生活中他总是戴着一副厚厚的面具，让人琢磨不透、无法接近，这就会导致他难以与别人建立亲密关系。由于他长期压抑自己真实的感受，不能痛快地做自己，所以他会更加压抑、孤独、痛苦、敏感、焦虑和自卑，他就会更加退缩和逃避，这就进入了一个恶性循环，就像打了一个死结，把自己勒得越来越紧，最终抑郁。但是，他的失败并不是因为无能，而往往是因为他主动放弃了自己。也就是说，打败他的不是别人，而是他自己，是他自己主动选择了被打败。

为了能够更好地解释，我给大家分享一个案例。曾经有个朋友咨询我，说他非常容易紧张、焦虑，特别是在社交中，他总是讨好别人，感觉自己没有力量，缺乏勇气，没有办法痛快地做自己。其实这个朋友并不是缺乏勇气，这与勇气无关，而是与许多其他因素有关，简单用"勇气"来打发自己，是一种对情绪的盲目压制，对问题的逃避，以及对自己的不负责任。

我给他举了一个例子，以下是大致对话。

我说："假如我们接下来将要在某个咖啡馆见面，见面时你的第一反应是什么？"

他说:"我会很紧张、很焦虑,不知道该说些什么,怕自己说的话你不感兴趣,怕你会感到无聊。我会感觉很尴尬,觉得自己很无趣,想要逃跑。"

我说:"对,此时的你已经开始焦虑,你会自我压抑、自我对抗,你会很想逃离这个社交场景,但是你又不能离开,所以你就更加焦虑和紧张。此时的你担心自己不够有趣,害怕我会无聊,表面上看你好像是在关心我,实际上你并不是出于对我的关心,而是为了你自己,为了尽快消除紧张的情绪,为了尽快摆脱不适的感受。你觉得我说得对吗?"

他说:"对。"

我接着说:"一旦你出现这种退缩心理,你就会像战场上溃败的士兵一样,丢盔卸甲,无比惊恐和紧张。部队一旦失去斗志,出现退缩的迹象,士兵就会无心恋战,兵败如山倒。当你想退缩的时候,你的意志会迅速瓦解,你的情绪会迅速崩溃,你会不知所措、焦虑不安,想逃又逃不了。这时你的内心就会产生更加剧烈的情绪波动,会让你快速地消耗身体的能量,分散注意力,导致你完全无法集中精力专注于当下的事情。"

他说:"对,我从小就比较自闭,没什么朋友,曾经被打击过,遭受过校园霸凌。我不想去讨好别人,但好像很渴求有朋友的感觉,又不敢和别人走得太近。"

我说:"其实我想告诉你的是,我也会紧张和焦虑,不仅是你和我,所有的人都是如此,每个人与陌生人第一次见面的时候都会有或多或少的紧张感,这是正常生理反应。这是我们趋利避害的本能在起作用,在面对陌生人或陌生的环境时,由于不太熟悉,不知道该如何相处,不知道会发生什么,我们自然会有些焦虑和紧张,这都是非常正常的。适当的紧张感反而可以让我们保持精力集中,让我们少犯错误。"

"但你的焦虑感为什么会如此强烈呢?最主要的一个原因便是抗拒。自始至终,你一直想要消除自己这种紧张、焦虑的情绪,想要摆脱这种痛苦的心理状态，这种内在的冲突必然会引起更加强烈的情绪。你要切记，情绪不需要消除，痛苦也无须摆脱，你要做的不是消除和摆脱它们，而是找到它们背后的问题。情绪的特点就是，你越是抗拒它，它就越是与你纠缠。所以，你越是盲目压制自己的情绪，情绪就会越激烈，你就会越痛苦。"

"你为何会这么抗拒这些情绪呢？每个人都会焦虑，每个人都会紧张，甚至大家都有所恐惧，但你为何如此抵触它们？这其实就来自你错误的认知和习惯。由于你过去不好的经历，在你的认知和信念中，你一直认为自己今天之所以会如此，完全是因为自己的这种性格，如果不那么内向，不那么容易焦虑，不那么容易紧张，你就不会到今天这个地步。所以，表面看，你排斥的是情绪，实际上你排斥的是自己，是你不接纳自己。"

"你越是排斥自己，你内心的冲突就会越大，你就越容易焦虑、紧张、恐惧，为了逃避痛苦，你就会习惯性地退缩和逃避，这就会进一步刺激你的情绪，你就进入了一个恶性循环。请你记得，你以往确实有过不好的遭遇，但那都是过去的事，你是一个有主观能动性的人，从今天起，你可以重新做出选择。如果你还像以前一样选择逃避，选择排斥自己，那你就依然会重复过去的宿命。相反，如果你选择进取，选择主动学习和成长，主动去打破自己固有的认知和信念，主动改变退缩和逃避的习惯，选择接纳自己，无条件地爱自己，那么你的人生将会发生根本性的转变。你还是你，天空的黑暗将会褪去，明媚的阳光将会重新洒进你的世界，你将重新恢复快乐与自在。"

他说："我感觉人际交往很累，干什么都要顾及别人的感受，一个人反而自由自在，想做什么就能做什么。但我一个人又害怕孤独，交朋友总是想去讨好别人，实在太累。"

我说："你前面说自己渴求有朋友的感觉，这便是你的一个需求。需要友情很正常，但由于你过去不好的经历，在认知信念中，你一直认为自己是一个无趣的人，没有吸引力的人。所以你就特别需要别人认可和接纳你，特别渴望友情和亲密关系。你的这种需求越是强烈，你的情绪波动就会越大。因此你需要调整自己的认知信念，你要意识到，此时并不是你需要朋友，而是你的那个非理性的认知和信念需要朋友。交朋友是一件自然的事情，人与人之间关系的亲疏，能不能成为朋友，能不能互相接纳和喜欢，很大程度上源于性情是否相投，也就是俗话说的"同气相求"，这是你无法左右的。但当你受到这些非理性信念驱使的时候，你就会变得盲目，你会违背自己的内心，你会用头脑去交朋友而不是用心，你就难以与别人产生真正的情感连接，这时的你便难以感受到友情带给你的快乐，你会变得压抑且虚伪。你会非常累，因为你在用头脑交朋友，你需要随时随地动脑筋去思考和算计，即便你通过察言观色，通过讨好或伪装赢得了别人的好感，但是，这并不是一种平等和长久的关系，这种友情会特别脆弱，你也不会从这种情感中获得滋养。所以在友情方面，你唯一能做的就是敞开自己，顺其自然。"

"你总是过分顾及别人的感受，除了非理性信念的需求，你还责任不分，边界不清。比如，你一开始所描述的对我的担心，我无聊与否，开心与否，那是我的事情，与你没有任何关系。你可以逗我开心，这是你的自由，但不是你的责任。你也可以做出让我讨厌的举动，这也是你的自由，你只要愿意承担惹怒我的后果就可以。你总是为我着想，过多地承担了不属于你的责任，可是你又无法完全左右我的思想，所以你就产生了过多无谓的焦虑和恐惧。你要知道，无论你怎么做，每个人都会有不同的评价和看法，这完全取决于他们自己的价值观。照顾他们的情绪和感受是他们自己的责任，而不是你的。试想一下，如果你为了照顾他人的感受而过分压抑自己，导致自己失落和痛苦，你觉得他人会为你的失落和痛苦负责吗？

不会,这是你自己的选择,他们甚至都不知道你会痛苦。所以,为你负责的永远是你自己,你自己好不好也永远是你自己说了算。"

我接着说:"你可以先去慢慢理解和体悟这些话,不要认为它们会马上对你起作用,人的成长和学习是有一定过程的。你以前那些错误的认知和信念,以及错误的习惯,持续了十几年的时间,不能期望它们短期内就可以完全改变。在生活中试着运用这些新的认知和信念来影响自己,当你真正养成新的习惯,不再和自己对抗,不再过分掩饰自己,不再退缩和逃避的时候,你的内心或许会平和许多。"

这里面最本质的问题是他不接纳自己,最关键的问题是退缩和逃避。如果他不再习惯性逃避,他就不会总是挫败,即便他再次失败,他也不会觉得自己是个懦夫,他会觉得自己是一个勇敢的人,不会觉得自己无能,他会从一次次的突破中获得自信,他的心态会趋向于积极。如果他不再压抑和掩饰自己,他就不会总是过度紧张和焦虑,他会更加冷静,他就能做真正的自己。当他能做真实的自己时,他自然就能和别人产生真正的情感连接,能与意气相投的人建立亲密关系。

所以,当感觉焦虑的时候,你一定要问问自己:我想逃避了吗?我接纳自己了吗?

逃避的心理,一定会激起你的负面情绪,让你感到焦虑。面对负面情绪时,千万不要压抑和逃避,我们要接纳、理解和疏导它。负面情绪是在提醒我们遇到了问题,这正是你人生问题的警报器。我们不能通过拔掉警报器来解决问题,而是要通过情绪及时发现背后的问题,并努力学习,提升自己的认知,锻炼自己的能力,如此才能正确地化解负面情绪,发挥它最大的价值。

压抑、退缩和逃避只会加剧精神的扭曲,让自己内心压抑,总有一天，你会精神崩溃，情绪失控。所以，请敞开自己，坦诚一些，以积极主动的心态，去迎接人生中的每一个挑战，在挑战当中突破、成长和蜕变。

放下永恒，建立无常：永恒的无常

永恒意味着不变，无常意味着多变。

这个世界上有永恒的东西吗？貌似没有，这个世界上的万事万物总在变化，如太阳的东升西落，月亮的阴晴圆缺，生命的诞生和死亡。但这种变化又是有规律可循的，太阳总是东升西落，月亮总有阴晴圆缺，这种固定不变的变化就是一种永恒。

但这个世界中又有一些没有固定规律的变化，人们习惯将之称为无常。比如，因为突然下雨，你没有看到太阳升起；因为突然多云，你没有看到月亮出现；因为一场车祸，一个生命悄然离去，这些就是没有固定规律的变化，是难以预料的。这个世界总会有无常，这种无常也是一种永恒不变的存在。所以，变化才是永恒的不变，不变就是永恒的变化。

世界本无永恒，因为人的需要和自身认知的局限，便出现了永恒；世界也本无无常，因为人的需要和自身认知的局限，也便出现了无常。世间的一切都是一种自然的存在，没有永恒与无常的分别，透过人类有限的认知，却出现了永恒与无常。

比如，太阳的东升西落，月亮的阴晴圆缺，这是我们一天中所看到的变化。如果我们的生命只有一天，那么我们就会认为这是一种无常，因为太阳和月亮总是不可捉摸地变幻着。但如果把这个时间拉长，用十几年来看太阳的东升西落和月亮的阴晴圆缺，我们就会发现太阳和月亮每天都会如期而至，太阳总是会东升西落，月亮总是有阴晴圆缺，它们有着固定不变的规律。这时，它们的这种变化反而成为一种永恒。但如果再把时间拉长呢？拉长到五十亿年以后，太阳还会存在吗？它还会东升西落吗？人类还会存在吗？地球还会存在吗？我们并不知道，所以这又是一种无常。如果继续把时间拉长呢？太阳会不会新生？生命会不会重新出现？这种固定不变的新生和灭亡，是不是又是一种永恒呢？

所以透过我们的眼睛，依据时间，永恒和无常便出现了。参考时间不同，也就决定着世界究竟是永恒还是无常。时间是重要的参照物，永恒与无常永远不能脱离时间的尺度，如果不以时间作为衡量标准，也就没有了永恒与无常。

永恒意味着稳定，无常意味着变动，所以在我们有限的认知里，我们大多可以接受永恒，但难以接受无常，这其实是有失偏颇的。我们确实更容易接受永恒，因为它稳定安全，但是永恒与无常并不是引起我们情绪的关键，它只是一种客观存在。真正引起情绪的是我们的需求和认知，我们所排斥的也并不是无常，而是事件的结果。比如，亲人的突然离去，工作的突然变动，家用电器的突然损坏，财产的突然丢失，等等。在面对这些突然出现的变故时，我们往往就会非常痛苦。此时来看，我们确实无法接受这种无常的变化，所以很多人便得出结论，认为是无常导致了痛苦。但是，如果是以下这种无常呢？比如，亲人的突然到来，工作的突然升职，家用电器的突然修缮，财产的突然暴增，等等。你又是何种心情？你还是不能接受这种无常吗？所以，如果仔细观察，你会发现，这时的我们并不是无法接受无常，而是无法接受对我们不利的结果。结果对我们有利，我们就会开心，就会感激无常；结果对我们不利，我们就会难过，就会痛恨无常。

这里面的关键就是需求和认知。永恒还是那个永恒，不同的是我们内心的需求。若某个东西符合我们的需求，我们就期待永恒；若某个东西不符合我们的需求,我们就期待无常。所以,永恒和无常本身并不会给我们带来痛苦,给我们带来痛苦的是主观的需求和认知。当我们主观的需求和认知参与进来时,永恒和无常便具有了好与坏的属性,便会给我们带来幸福和痛苦的感受。不过,人的思维确实是有惰性的,当你习惯了一种状态时,你就会形成一种惯性,你就会认为这是理所当然的事情,不论是好事还是坏事,你都会习以为常。这时对于永恒和无常的认知,就会影响痛苦的增加或减弱。比如,当生活一直比较顺利的时候,突然有一天发生了不顺的事情,这个时候,我们就会非常生气,我们会认为不该出现这些状况,生活应该一直顺利才对。此刻,我们就需要提醒自己无常有必然性,面对现实,接纳无常,由此内心才不会产生过多不必要的冲突与对抗,才不会过于痛苦,才能心平气和地处理突发问题。再如,当生活一直很不顺的时候,我们往往会越来越绝望,因为我们习惯了这种状态,我们会认为这种状态是永恒的。这时,我们就要提醒自己,无常一定会到来,不顺不会一直存在,生活肯定会出现转机,如此我们才会拥有积极乐观的心态。"人有悲欢离合,月有阴晴圆缺",你要有这个心理准备。但同时,"柳暗花明又一村",时来运转,苦尽甘来也一定是必然。

  无常就是永恒,永恒就是无常,永恒的无常才是这世间的真谛。

  对于无常,我们并不需要那么恐惧。如果没有无常的变化,那么我们的生活将一成不变,枯燥乏味;如果没有无常的变化,我们就无法感受到离别和相聚时的情绪变动;如果没有无常的变化,你我又怎会出生,生命又怎会成长,我们又怎会对明天充满无限向往。我们害怕的不是无常,而是无常背后的不好的结果。

  我们需要对永恒与无常保持客观的认识,要看见自己的偏见与固执,看见自己的恐惧与局限,接纳无常,放下永恒,专注于当下。

放下克制，建立欲望：强化意志力

我们一直都很在意意志力，认为意志力是做成一件事情的关键。北宋文学家苏轼的《晁错论》中有这样一句脍炙人口的话："古之立大事者，不惟有超世之才，亦必有坚忍不拔之志。"自古以来凡是做成大事业的人，不仅有出类拔萃的才能，也一定有坚韧不拔的意志。这是古人对于意志力的看法。

意志力，是一种优秀的品质，有意志力的人可以完成一项艰巨的任务，人的成功也与意志力密不可分。世界上伟大的发明和创造，无不来自强大的意志力。意志力，是一种可以自我约束的坚持，是一种实现目标的强大动力。当有了意志力，在面对目标时，你就可以不断调整自己的心理状态和行为，坚持不懈、克服困难，从而实现目标。

很多人认为意志力是一种理智的自我约束，是一种抵抗诱惑的能力，这种理解是不全面的。意志力包含理智，但是意志力的来源并非理智。理智抵挡不了诱惑，能够抵挡诱惑的一定是另一种诱惑的力量，是一种感性的、持续的冲动。理智只是一种结果，是长远目标战胜短期目标的结果，是有益欲望战胜有害欲望的结果。你选择了长远目标，选择了有益欲望，那么看上去你就更理智一些，但本质上只不过是其中一种欲望战胜了另一种欲望而已。

比如，在上高中三年级的时候，你的目标是考上一所理想的大学，这是你的一个欲望。面对这个欲望，你需要刻苦地学习，需要尽量做更多习题，那么做更多习题就成了其中一个具体目标。但是其间你还产生了其他欲望，那就是及时享乐的欲望。你总想偷懒放松，你喜欢打游戏，那么打游戏就成了另外一个具体目标。这时这两个欲望所衍生的目标之间就产生了冲突。为了做更多习题,你就必须秉灯夜烛,少玩游戏;为了玩游戏,你就要牺牲做习题的时间,于是玩游戏和做习题之间就经常产生冲突。当你考上大学的欲望足够强烈时,你就会拿出更多的时间做习题,大家就会认为你是有意志力的,是理智的,因为你选择了长期的有益目标;当你及时享乐的欲望更加强烈时,你玩游戏的时间就会更多,大家就会认为你是没有意志力的,是不理智的,因为你选择了短期的有害目标。

再如,一个能戒掉烟的人,看上去有极强的意志力,其实,在戒烟的背后往往有着一个非常重要的动机,不然,他为什么戒烟呢?当仔细去了解之后,你往往就会明白,原来他肺部和嗓子的问题已经特别严重,甚至胃肠道也出现了问题,身体健康面临严重威胁,他求生的欲望战胜了抽烟的欲望,所以必须戒烟。当他选择戒烟且持之以恒的时候,看上去意志力就会非常强大,而且他也非常理智,他好像知道孰轻孰重,知道什么对他有益,并且能坚定地选择有益目标。其实,这只不过是因为他没有选择了,戒烟就是保命。

所以,抵抗诱惑的背后一定有一个更大的诱惑,否则你有什么理由去抵抗那个诱惑呢?所以,在惊叹于别人强大意志力的同时,我们不能忽略强大意志力背后的驱动力——欲望。

说到欲望我们往往会感到羞耻,其实完全没有必要。按照社会道德的标准,欲望有好有坏。好的欲望我们接纳,坏的欲望我们也会接纳,这是我们的本性,但接纳它不代表我们就会行动。欲望每个人都有,有欲望是正常的,欲望是意志力的动力之源,没有欲望就没有意志力。假如意志力是货车,欲望就是货车的发动机,货车可以拉几十吨的货物,跑万里长途,但如果没有欲望这个发动机的带动,光靠人坐在车里理智地思考,哪怕一万年,货车也将纹丝不动。

我们该如何提高自己的意志力呢?很多人都想锻炼自己的意志力,其实完全没有必要。如果仔细观察周围的人，你会发现一个现象，同一个人在面对不同事情的时候，其意志力的强弱也会不同。比如，有的人钓鱼很有耐心，他可以在池塘边从早蹲到晚，可是他在工作上就缺乏耐心。而有的人钓鱼没有耐心，在工作上却非常有耐心，他可以废寝忘食地做手里的工作。这是为什么呢？喜欢钓鱼的人，钓鱼就是他的欲望，坐在那里等待鱼儿上钩，他就会非常有耐心，而工作令他非常讨厌，他的心思并不在工作上，他没有工作的欲望，所以他对工作就会非常没有耐心。这里你就会发现一个规律，当一个人想要的和他目前所做的一致时，他的意志力就会显得非常强。就像想钓鱼的人，如果他此刻的目标是钓鱼，那么他就会有非常强的意志力。如果当他工作的时候却不想工作，他的欲望和目标就不一致，欲望想休息，目标却是工作，一个想往东，一个想往西，两股力量不断地互相拉扯，这就会迅速消耗他的精力，在工作中他往往就会拖延磨蹭、萎靡不振，意志力就会非常薄弱，一点小小的困难都可能会成为他放弃的借口。所以，尽可能让自己的欲望与目标一致，当欲望与目标一致时，欲望就会不断地驱动你向着前方的目标砥砺前行，你就会拥有超乎常人的强大的意志力。

我陪同爱人找工作的经历，就是一个非常典型的例子。当时她可以从两份工作中选择一份，其中一份是她不喜欢的，但可以随时上岗；而另一份是她非常喜欢的，但是需要等待一段时间。最后，她选择了那份自己不喜欢的工作。上班第一天，她就产生了各种抱怨，这个干不了，那个很难学，困难多。眼看着她就要放弃了，于是，我笑着问她："如果要是选择你那份心心念念的工作呢？你还会这样吗？"她当时愣了一会说："唉！可能就是我不喜欢的缘故吧！"

是的，你喜欢就可以坚持，你想要就会想尽办法克服万难。否则，哪怕一个小困难，都会成为你放弃的理由。

如果你的欲望和目标不一致，你的意志力就会非常薄弱。比如，你渴望成功，渴望改变自己的命运，这是你的强烈欲望。其间，你可能会创业，可能想去考公务员，可能想去搞文学创作，企图通过这些目标来实现欲望。假如有一天，你选择了创业，起初你可能会非常有干劲，慢慢地你却发现，自己总是无法坚持，没有动力，这个时候你就会感觉自己的意志力非常薄弱。你想要成功的欲望非常强烈，但就是没有意志力，这是为什么呢？其实，就是因为你目前所做的事情并不契合你的欲望，你虽然想成功，但是你并不喜欢做生意，并不喜欢自己目前所处的这个行业，你所做的具体的事情并不是你喜欢的，你的欲望与目标并不一致。所以此时你就要问一问自己，你真的喜欢目前的工作吗？你真的喜欢这个行业吗？你真的喜欢经商吗？如果你的回答都是否定的，那么，你怎么可能拥有强大的意志力呢？你的这个目标没有欲望的推动，在创业之初基本就决定了你会半途而废。这个时候你就要好好反省一下，你到底喜欢什么？喜欢经商？喜欢文学？抑或是喜欢政治？喜欢经商的话，要找到喜欢的行业，然后重新选择自己的目标。当你的具体目标与欲望一致时，你的意志力就会变得强大。所以，想要让自己的意志力更加强大，就要找到与欲望相匹配的目标。想要找到真正适合自己的目标，就一定要尽量把目标具体化，并且不断尝试，用心感受。当你找到真正渴望的事情时，你就会夜以继日、废寝忘食，即便遭遇暂时的挫败，你也会很快振作，累并快乐着。

单纯依靠克制并不能增强意志力，反而会消耗意志力。自律的背后一定要有一个强烈的欲望，来给自己一个坚持不懈的理由。当欲望与目标一致时，你就可以轻松地克制自己，兴高采烈地奔向目标，激动万分地迎接困难与挑战，不知疲惫，百折不挠，坚定不移。

切记，合理地运用欲望，会让你产生超强的意志力。

放下执我，建立自我：失控的意志力

意志力，是一种优秀的品质，与一个人的成功密不可分。我们有时并不是没有意志力，而是缺乏动力。只要你有足够的动力，你就会拥有这种执着，拥有不达目的誓不罢休的意志力，最终就很有可能达到目标。

但这个世界上有些东西并不是仅靠追求就可以得到的，如果明知求而不得，你还去追求，这就成了"我执"，执着于某件事情，某个人，甚至某种想法。比如，对改变他人的执着，对完美的执着，对过去的执着，等等。意志力本身可以给我们带来益处，最终却成为了困扰我们的囚笼，成了"我执"。"我执"是佛教用语，我们暂且称它为"失控的意志力"。

对于提高学习成绩，我们坚持不懈，挑灯夜读，这叫作有意志力；对于减肥，我们每天跑步，坚持不懈，这叫作有意志力；对于突破技术上的瓶颈，我们刻苦学习，努力钻研，这叫作有意志力；对于事业的发展，我们不断奋斗，不畏艰险，克服各种困难，这也叫作有意志力。

但若一直对一个人心怀不满，固执地坚持自己的观点，这种坚持是一种失控的意志力；追求一个不爱自己的人，求而不得，痛不欲生，这种坚持是一种失控的意志力；对曾经伤害过自己的人耿耿于怀，对那些不堪回首的往事无法释怀，这种坚持也是一种失控的意志力。

意志力可以带给我们巨大力量，但意志力一旦失去控制就成为一种"我执"。虽然它非常强大，但它只是我们的工具，我们才是自己的主人。所以我们要认识它，掌控它，否则失去控制的意志力就像失控的货车，会带着这辆车上的人横冲直撞，最终奔向那个陡峭的悬崖，掉入无底深渊。

意志力不是凭空而来的，它源于欲望；欲望也不是凭空而来的，它源于"自我"。意志力是货车，欲望是发动机，乘着意志力的货车我们一路向前，但如果开车的人太过自大、自恋和自我，总觉得自己天下第一，车技一流，不断提速，让欲望的发动机急速运转，直至意志力的货车失控，连人带车掉入痛苦的深渊。一个人越是自大、自恋和自我，他的欲望就越是强烈，越是无边无际，导致他对目标过度执着，在"我执"的路上一路狂奔。当然，这里并不是说自大、自恋和自我不好，我们或多或少都会有这种倾向，只是过度自大、自恋和自我需要引起我们的注意。

过度自大、自恋和自我会让一个人分不清自己与别人的界限。如果一个人的自我边界不清，他就会把所接触到的人、事、物都当成他自己的一部分，他的欲望也一定会跟随他的自我不断膨胀，他就会非常痛苦。比如，他觉得情绪是他的，他就想控制自己的情绪；他觉得家庭是他的，他就想控制家庭中的所有人；他觉得公司是他的，他就想控制公司里所有的人和事。如果他的欲望远远超出他的能力范围，他就一定会非常痛苦。

像这种朋友，他无法把自己和外界合理地区分开，没有正确的、客观的自我认知，他非常自大、自恋和自我，所以他的自我就会不断膨胀，他的欲望也会不断膨胀，他的意志力就会失去控制。意志力一旦失控，就会成为"我执"，这是一种偏执的执着，不仅对我们没有积极作用，反而会造成非常大的危害。

举个例子，曾经有个朋友咨询我，说他妹妹特别不听话，总是惹他父亲生气，但是他父亲又很溺爱妹妹，总是惯着她，她要什么都尽可能地满足，所以妹妹就养成了一种比较骄纵的性格，给家里带来了很多麻烦，给父母造成了很大困扰。虽然现在他已经结婚生子，也不和父母与妹妹在一起生活，但他就是看不惯。他反对父亲的溺爱，厌恶妹妹的骄横，他看着老父亲整天闷闷不乐，也感到非常心疼，总想着让父亲舒心，但他不知道怎样才能改变现状。

其实这种情况非常常见，哪个家庭没有矛盾呢？从表面上看，这位朋友看不惯他的妹妹，从更深层看，他到底想解决什么问题呢？是谁看不惯他的妹妹呢？是他的认知和信念。他想要改变他的父亲和妹妹，想操控这一切，但很明显，他既改变不了父亲，也改变不了妹妹。一个人想自我改变都很艰难，更何况改变别人呢？这就像我们前边所讲到的，这是他父亲和妹妹的人生课题，他却非常执着，非要改变现状，企图改变他的父亲和妹妹。他没有清晰的自我边界，在潜意识中他把妹妹和父亲看成自己的一部分，总想去操控他们。他的自我强化了他的欲望，他的欲望强化了他的意志力，他奔着改变父亲和妹妹的目标便一发不可收拾。这个时候，他的意志力就是失控的意志力。失控的意志力会让他的家人失去独立的个性、独立的空间。这不仅给他的家人造成了困扰，也给他自己造成了很大的困扰。

他边界不清、责任不分，总是非常自大、自恋和以自我为中心，总是认为自己是对的，不尊重他人的需求，不能平等看待身边的人、事、物，总是企图越界干涉别人的生活，剥夺别人的权利。他感觉自己就像这个世界的王，他把身边的人、事、物都划在他的麾下，他认为妹妹不应该这样，父亲不应该那样，他们违背了自己的认知信念，挑战了"自我"，这让他难以接受，非常愤怒。

生活需要往更好的方向发展，我们也需要变得更好，但是这种改变一定要建立在彼此尊重的基础之上。过度自大、自恋，让他超出了自己的边界，侵犯了别人的领地，于是他就总是想去改变妹妹和父亲。他的欲望越来越强烈，他的内心也越来越痛苦。他若想遏制自己失控的意志力，就必须放松脚上的油门，改变过度自大、自恋和自我的思维模式，意识到自己的自大、自恋和自我，并用自我觉知去洞察它们，以防它们对自己的操控。自我觉知简单来说就是随时观察和感知自己现在的感受、想法、状态等，关于自我觉知，我会在第四部分中着重讲解。

这位朋友意志力失控，成为了典型的"我执"。这种执念，促使他侵占父亲和妹妹的私人空间，企图改变他们，以满足自己的欲望，不仅不能达到目的，反而让他非常痛苦。我们一定要识别这种失控的意志力，把自己与周围区分开，尊重他人的独立性，尊重他人与自己的不同，不让过度的自大、自恋、自我干扰自己。

放下忧虑，建立目标：运用意志力

在日常生活中大家对自大、自恋和自我都会特别忌讳，因为拥有这些特质的人往往难以相处。他们想法片面、思想极端、唯我独尊，不会尊重他人，总会干扰别人的生活。同时，很多人总是担心自己也有这些特质，因为这些特质会严重影响自己的身心健康及人际关系，会妨碍自己的幸福生活及事业的发展。

这种人，凡事总喜欢从自己的立场看待问题，总是过分地关注自己，忽视周围人的感受和需求，不能与别人共情，不能客观地看待人与人之间的关系，不能很好地与他人合作和相处。由于过分地关注自己，思想极端，他们会认为自己就是世界的中心，所以他们总觉得别人都在针对自己，他们特别在意别人的看法。他们高傲自负，固执己见，不尊重他人的意见，总是想去改变他人，不尊重他人的独立性，不尊重客观规律。他们的自尊心也会特别强，导致滋生虚荣心和嫉妒心。他们经常处在焦虑和不安之中，特别容易产生挫败感，所以他们容易自卑。他们过于理想化，对自己有着非常严格的要求，难以适应环境，难以融入集体，不能承受挫折和打击，时而自卑，时而自负，时而焦虑，时而抑郁，时而兴奋，时而失落，情绪容易波动。总之，他们最大的特点就是沉浸在自己的世界里，孤芳自赏，顾影自怜。

过度自大、自恋和自我的形成，与一个人过去的经历，当下的处境，甚至未来的发展都有很大关系。比如，过去他可能有过非常不好的遭遇，长期处在相对危险的环境之中，为了生存他只能选择保护自己，把更多心思用在自己身上，随时关注周围对自己的不利因素，总是害怕周围的人针对自己。这种长期对自己的担忧和关注，慢慢导致他形成了一种过度自恋和自我的特质，他总会充满幻想，沉浸在自我的世界之中。再如，当下的他可能非常窘迫或非常得意，这种极端的遭遇，都会让他盲目自卑或盲目自信，让他对自己过度关注，处于一种自恋和自我的状态之中。未来可能发生的事情也会影响一个人的心境，让他过度关注自己，进入一种自我的状态之中。总之，这种特质往往是在极端的、非正常的处境下形成的。

当然，过去对一个人的影响往往会更加深刻，因为过去所形成的习性和信念已经深入到他的潜意识之中，对他形成了一种深层的影响，不易察觉。而当下和未来对一个人的影响比较明显，只要能够发现它们，它们的影响就会减弱甚至消失。比如，当你春风得意时，你往往会迷失自我，不知深浅，可能会狂妄自大，唯我独尊。但这些行为和认知还没有深入你的潜意识之中，并不会对你造成太大影响，只要你及时地意识到它，你就可以把它消灭在萌芽状态。

过度自大、自恋和自我是我们早期形成的特质，与一个人的原生家庭、成长环境和教育经历都有很大关系，不易改变。每个人或多或少都会有自恋倾向，我们更爱的、更在意的永远是自己，这非常正常。所以，自大、自恋和自我本身并不可怕，可怕的是我们意识不到自己的这些特质，总是被它们所操控和影响，这才是问题所在。就像我们在上一节举的例子，一个人因为意识不到自己的自大、自恋和自我，总是想去改变他的父亲和妹妹，最终导致与家人的关系紧张，自己也特别痛苦。当他能够意识到这一点，并开始放下执着的自己，掌控自己的意志力时，他的生活就会恢复到正常状态，一切就都不再是问题。所以，只要你能对"自我"有察觉，让自我意识发挥作用，你就可以觉知到自己的盲目与偏执，觉知到自己过度的自大、自恋和自我，就能摆脱它们的操控和影响，从而获得成长。

意志力的动力之源是欲望，欲望的动力之源是"自我"，一个人越是自大、自恋和自我，那么他的欲望就会越强烈，他的意志力也就会越强。所以自大、自恋和自我并不一定是坏事，只要你能够合理地掌控和运用它。凡事有利有弊，我们没有必要和自己的这种人格特质对抗，只要我们能够规避它不利的一面，好好地利用它有利的一面，就能发挥它最大的作用。一个越自大、自恋和自我的人，就越容易激发出潜力，因为他极其渴望获得别人的尊重和认可，特别渴望被看到，这种渴望就会催生出一种强大的意志力。如果仔细观察，你会发现那些有大成就的人几乎都有着强大和顽固的自我，总是显得特别自信，不撞南墙不回头，认准的事情就会坚持到底，哪怕在人生最灰暗的时刻，他也总会对未来保持信心，在所有人都失去希望的时候，他可以坚定目标，不达目的誓不罢休。正是这种自大、自恋和自我，不断地驱动他的欲望，让他获得强大的意志力，坚持不懈地实现自己的人生目标。

当然，这一定是他已经经历了足够多的磨难，心智已经足够成熟之后才能实现的，他已经掌控了自己的自大、自恋和自我，不再让自己强大的意志力失控。由此他就不会再像以前一样，总是把精力用在无关紧要的琐事上，而是把这种强大的意志力用在对社会和他人有意义的事情上，在奋斗的过程中实现自我价值，被人看到，被人尊重。就如孟子在《生于忧患，死于安乐》中所述：

故天将降大任于是人也，必先苦其心志，劳其筋骨，饿其体肤，空乏其身，行拂乱其所为，所以动心忍性，曾益其所不能。

越是自大、自恋和自我的人，在早期就越容易遭受挫折，心性会得到极大磨炼。当他觉醒过来，意识到自身存在的问题，并开始运用自己的这些特质调整人生的方向，确定人生的目标时，他就可以实现自己的人生抱负。

所以，如果你发现自己特别自大、自恋和自我，不必过于担忧，你可以放下顾虑，只要你学会去运用自己的特质，不让它干扰你的日常生活，让它更多为你的梦想而服务，就可以发挥它的最大价值。在自我实现的人生道路上，你要掌握自己的方向盘，该踩油门的时候踩油门，该踩刹车的时候踩刹车，用最适合你的速度，用强大的意志力，去尽情地完成你自己的人生使命吧！

放下苛责，建立理解：你我皆凡人

我们都说"严以律己，宽以待人"，但在生活中能做到的人并不多，我们往往"宽以待己，严以律人"，这就会导致我们很容易与别人产生冲突。自己做不到，却总想让别人做到，别人做不到，我们就生气、发脾气，这不仅会破坏人际关系，也会导致心智很难获得成长。所以最好的方式还是"严以律己，宽以待人"，如此既可以缓和我们的人际冲突，又可以让自己的心智有所成长。但是凡事都要有度，如果对自己的要求过于严格，那痛苦的就只有自己。

我在第一部分中提到过几种人：一种是要求完美的人，一种是习惯性自责的人，一种是习惯责备别人的人。如果这三个特点都集中在同一个人身上，那这个人就真可谓跳进痛苦的深渊了。这种人吹毛求疵，对自己和他人都有非常高的要求，事事都有自己的标准，容易脱离实际，总是沉浸在自己所编织的概念里。由于自己头脑中的主观世界与现实世界存在着严重的冲突，所以现实的生活俨然成为他的战场。他每天都要经历好几场恶战，他看不惯身边的人、事、物，包括他自己。他会习惯性地抱怨，总是牢骚不断，心事重重，愁容满面，过分敏感。他的大脑由于过度消耗，整个人看上去显得浑浑噩噩，糊里糊涂。当你问他缘由的时候，你会发现往往都是一些鸡毛蒜皮的小事情，要么是因为别人没有达到他的要求，要么是因为自己没有达到自己的要求。于是他就非常生气，耿耿于怀，难以原谅他人或自己。他一会儿对别人不满，一会儿又对自己不满，每天都生活在烦恼和忧愁当中。

这种朋友，建议从以下四方面着手调整自己。

第一，培养自我意识。你首先要有自我意识，也就是当你遇到挫折，对自己不满意，对别人不满意的时候，你就要去观察一下自己当前拥有怎样的情绪，拥有怎样的感受。比如，你有没有自责呢？你有没有愤懑呢？当你自责和愤懑的时候你对自己说了什么呢？你对他人说了什么呢？注意，只是去观察，而不要去评判，只是去感受，而不要去控制。当你能够这样自我觉知、自我观察的时候，你的情绪就会慢慢平复，你就可以冷静下来。此时你就不会再偏激、冲动，你就可以理智客观地思考，你就能够在这件事情中有所收获，从而让自己的心智获得成长。正如《大学》中所说："知止而后有定，定而后能静，静而后能安，安而后能虑，虑而后能得。"当你有了自我意识，你就成为了自己的主人，你就可以遏制自己的冲动，按住自己的情绪，慢慢冷静下来，逐渐恢复清醒的意识。此时你就可以更加客观和全面地思考问题，最终有所收获。

第二，认识到你我皆凡人。很多人之所以对自己和他人过分严苛，导致自己异常痛苦，就是因为想要活成理想中的自己，而忘记了自己是一个有血有肉的人。我们都是凡人，我们都会犯错误，都会出现失误，都有缺点，在人生当中都会面临挫折，谁都不例外。我们不是圣人，都有自己的缺点，都有自己光明的一面和阴暗的一面，这些都基于个人价值观的判断。当你无法原谅自己或他人的时候，你不妨去想象一下那些圣人，或者你崇拜的人。孔子没有犯过错误吗？那些伟大的人没有犯过错误吗？他们没有缺点吗？他们与你我一样都是有血有肉的人，在成长过程中，他们也会犯很多错误，也会经历失败，也会有自己的缺点。当你能够从理想中抽离，回归现实世界，认识到你我皆凡人时，你就不会再对自己过于严苛，也不会对他人过于严苛，你的内心就会平和许多，你就不会再总是以自我为中心，以自己头脑里的标准来衡量自己和他人，就不会过度自责和愧疚，不会对他人过度愤懑与苛责。人非圣贤，孰能无过？过而能改，善莫大焉。

第三，进行自我同情和鼓励。当你因为犯错而不能原谅自己的时候，想象一下，如果这个人是你的朋友或你的亲人，你会怎么办。如果让你去开导他，你又会怎么做呢？你会去严厉地批评和指责他吗？不会的，看着他伤心难过的样子，你只会想办法去理解他，同情他，鼓励他，开导他，尽量为他提供有建设性的方案和建议，而不会去刺激和伤害他。因为你知道，只有这样做才能给予他力量，让他重新振作，否则只会让他更加伤心和难过，更加没有信心。所以当你能够意识到这一点的时候，你还会动不动就责备自己吗？还会动不动就强烈地谴责自己吗？你要记得，当你能够理解和同情自己的时候，当你能够宽容和鼓励自己的时候，你就可以快速地恢复内心的平静，重新获得力量。

第四，不再以自我为中心。你经常对别人不满意，不能原谅别人，往往是因为你总是以自我为中心去评判别人。这时候你可以去练习一下责任的划分，认清自己与别人的边界，把自己从自我当中抽离出来。举一个例子，曾经有位女士咨询我，说她和一个老乡在同一个工厂打工，她们住在同一间宿舍，平时一起去车间，一起吃饭，关系非常好。有一天她和厂里另一个工人发生了口角，她的这个老乡正好也在现场，但是让她气愤的是，自始至终她的老乡都没有替她说句话，不仅如此，她的老乡还总是拉扯她。她觉得老乡和她关系很好，应该替她说话才对，她对这个老乡很失望。这位女士的问题出在哪里？她的老乡帮不帮她是谁的事情？是她老乡的事情。需要老乡帮忙是谁的事情？这才是这位女士的事情。别人帮不帮你，你没有权力干涉，那是别人的自由。她若没帮你，那她承担没帮你的后果就可以，承担你对她的埋怨就可以。你想让她帮你，这才是你的事情，你的责任，你的问题，与对方有什么关系呢？她总是以自我为中心，想去改变她的老乡，当她发现做不到的时候，她就非常痛苦。这个朋友一定要明白，别人帮不帮她是别人的事情，是别人基于自己的性格、习惯和动机而做出的选择，别人承担这个选择的后果就可以。你能从中看清这个人，看清这件事，看清世事的规律，从中获得人生经验就可以了。所以你学会划定责任，分清界限，你就可以不再以自我为中心，从"我执"当中抽离出来，不会再去苛责别人，影响自己的人际关系。

　　苛责，不仅让别人痛苦，也会让自己痛苦。当你意识到自己的苛责时，不妨试着走出自我的中心，放下自己头脑中的主观标准，抽离那个理想化的自己，站在现实的基础之上，换位思考，自我同情，理智客观地看待他人和自己，这个时候你就可以恢复自己内心的平静和安宁。

　　当然，不论什么事情，都不能一蹴而就，有些事并不是你知道就可以做到。在生活当中，你需要慢慢练习，直至养成新的习惯。

放下完美，建立包容：完美的缺陷

如果一个人在生活中凡事都追求完美，非常挑剔，不能忍受瑕疵，他就一定会非常痛苦。但这个世界恰恰没有完美，所以对完美的追求，一定会给他带来无尽的烦恼和忧愁。

但需要注意，我们都有对更美好事物的追求，都希望凡事尽善尽美。我们的祝福语就蕴含着对完美的追求与向往。比如"万事如意""岁岁平安"，凡事都能够顺心如意，每年都能够平平安安，这些祝福语就代表着我们的心声和愿望。当然，我们都知道，这些祝福语只是一种祝愿，生活中总会有不如意和不顺心的事，总会有一些意外的插曲。

我们平时都会有这种客观的认识，可是，一旦真的遇到了问题，我们往往就会不清醒，哪怕是一丁点不顺，都可能会激起我们很大的情绪，让我们大发雷霆，焦躁不安。我们完全不能忍受生活中小小的插曲，更不能承受生活中的苦难。这往往是因为我们被假象所迷惑，完全沉浸在了自我的世界当中，忘记了生活的多面性，在趋利避害的本能作用下，我们就会失去理智，一味躲避危险，追求绝对的顺心如意，不愿意接受任何的不顺利。当我们真的这样去做的时候，痛苦就产生了，我们已经不是在追求完美了，而是在追求痛苦了。

世界本身就不完美，生活的不完美才是一种完美。如果在生活中不能对这一点保持清醒的认识，我们就很容易被趋利避害的本能所操控，失去自我意识，执着于完美的人生。在生活中你就会对周围的人、事、物不满意。当你开始不满的时候，以自己的完美标准和要求来改造周围的人、事、物的时候，为自己的不如意而痛苦的时候，你有没有意识到自己的问题呢？

这种朋友不仅挑剔别人，有时也会挑剔自己。他对自己的性格不满意，对自己的长相不满意，对自己的能力不满意，等等。他会对自己无比挑剔，他的心里充满着怨恨和不满，充满着抱怨和焦虑，他会越来越自卑，越来越抑郁。攻击别人，大不了可以不再交往，但攻击自己，你的灵魂又能逃到哪里去呢？

在不完美的世界里追求完美，在不可能中追求可能，一定会以失败告终，也会带来过多无谓的焦虑和恐惧。我们都不是完美的，我们都有这样或那样的缺陷，万事万物也都不是完美的，也都有这样或那样的缺憾。如果周围的人、事、物都以他的意志为转移，都那么完美，那这就不是现实世界，而是他头脑中的世界。他就会失去自我意识，沉浸在自己的梦境中无法自拔。所以，我们在生活中一定要保持足够的清醒，避免陷入心理陷阱。

但有时候你会发现，即便你意识到了自己在追求完美，你也很难放下这种执着。不过不必担心，这其实也很正常。我们之所以对完美如此迷恋，除了因为意识不到自己的完美心理在作祟，很多时候也取决于事情的重要程度。事情越重要，我们就越会执着于完美，这是因为潜意识里趋利避害的本能会让我们不自觉地计算如何才会对我们更有利，所以我们会追求完美的一面，渴望尽善尽美。如果这件事情对我们非常重要，在趋利避害的本能作用下，就非常容易激起我们对于完美的追求。比如，平时我们的穿着打扮可能较随意，但是有一天，我们要去见一个很重要的人，要去约会，那么这个时候我们往往就会尽可能打扮得漂亮一些，希望给对方留下好印象，甚至坐在镜子前准备半天，也很难满意。这是大多数人都容易遇到的情况。我们平时不这样，但重要的事情会激起我们对完美的执着，它会让我们尽量做得更好，它会引起我们的焦虑，这个焦虑的情绪又会反过来驱使我们追求完美，由此陷入恶性循环。这个时候我们切不可对抗自己的焦虑，我们要认识到它的正常性，让它自然地存在和消散即可。否则，你越是对抗焦虑，你的焦虑情绪就会越强烈，就越容易导致你更加执着于完美。所以，这时你就不要再和情绪对抗，你要提醒自己，不要追求完美，而是要追求更好，尽人事听天命就可以了，如此你才能更快地平复自己的情绪，放下你的完美情结。

但这里有一个非常重要的点，我们需要注意，追求美好事物、追求完美不一定会让人痛苦，让人痛苦的是自己对待自己的态度。如果你对待自己的态度是错误的，那么在追求完美时所带来的焦虑和愤怒就会像雨后春笋般层出不穷。

举个例子，这是发生在我身上的一件事情。记得有一次晚上10点多，躺在床上的儿子突然坐起来，让我把书包拿给他。我当时就预感不太妙，我问他想干什么，他吞吞吐吐，避而不谈，只是让我把书包拿过去。我问他是不是忘记写作业了，他说他写了，但有一个地方好像忘记了，应该就只剩一点了，很快就可以完成。这个时候我就有些生气了，我心想你怎么能够忘记写作业呢。于是我的语气也逐渐变得严厉起来。儿子的妈妈这时也想责怪他，不过被我及时阻止了，因为我感觉责怪他没什么意义，重要的是让他赶紧把作业完成。其间儿子一再想为自己辩驳，但都被我严厉地喝止了。因为我当时非常生气，觉得他不应该这么马虎，我对他说："一定是你自己不用心，是你对学习不上心，如果你上心根本不可能会忘记写作业，你甚至还会给自己加作业。"我说完这句话，儿子脸憋得通红，他没有再辩驳，开始闷头写作业。

就这样到了第二天早上，或许是自感昨天处理儿子的事情过于简单粗暴，我突然在睡梦中醒了过来，儿子那委屈的面容也瞬间浮现在我的眼前。我开始意识到，昨天的自己竟然那么严苛，那么不能容忍儿子小小的疏忽，我完全在以一种极其完美的标准来要求他。儿子上学五年多了，在我记忆中也就这么一次忘记了写作业，而且还是一小部分作业，昨天我竟然如此恼火，说话又如此严厉，这不仅让我自己难受，儿子也被我训斥得很是憋屈。我昨天的行为其实完全是在发泄自己心中的不满。儿子忘记写作业这件事情只是一个导火索，点燃我情绪的是我的完美情结。我先是不能容忍生活中意外插曲的存在，而后就开始愤慨，这时候我就只有两种选择，要么责怪自己没有看儿子写作业，要么责怪儿子不上心。我为了避免自己的痛苦，就把自己的人生课题推到了儿子身上，责怪起了儿子，把痛苦的情绪强加到了他身上。为什么说是强加呢？因为面对忘记写作业这件事情，他也有两种选择，要么谴责自己，要么原谅自己，而我强迫他做出谴责自己的选择，这就必然会给他带来痛苦。这时的我不仅不是在帮助儿子，反而是在给他制造内心的痛苦，让他失去理智，盲目地追求完美，责备自己。如此就必然带来心理上的痛苦，如果他今后也是这样处理自己的人生问题，那就太可怕了。

所以我一定要以身作则，教会他如何放下对完美的执着，如何原谅、包容自己。意识到了这些，当他醒来之后，我立马向他道歉，告诉他："儿子，爸爸昨天凶你了，我今天回想了一下，实在不应该。我觉得忘记写作业是很正常的一件事情，偶尔一次根本不算什么，我对我昨天的行为向你郑重道歉！"可以想象，如果孩子学会放下对完美的执着，学会原谅和包容自己，他今后再遇到类似的事情，就不会一味地责备自己，就不会不断地给自己制造焦虑和痛苦，就不会偏执地执着于完美，就不会迅速地消耗自己身体和精神上的能量。否则，不要说把事情做得完美，他想安安心心地做好一件事情都很困难，因为他的精力早就在自我内耗中消耗殆尽了。所以为了孩子，我必须道歉，必须以身作则，告诉儿子如何对待完美，如何对待自己。这样不仅我释然许多，我相信我的儿子只要能够拥有这样的心态，今后不论遇到任何艰难险阻也都会有更强的韧性。

当然，放下完美，不代表不追求完美，向往美好是我们的本能。放下完美不代表撒手不管，无论任何事情我们都要付出努力。假如只是停留在对尽善尽美的期望上，却从不愿付出努力，只想着坐享其成，那就只能得到最坏的结果。当事情往坏的方向发展时，我们就一味地责怪自己太过追求完美，这是不对的，这怎么是追求完美的错呢？这明明就是因为懒惰。人都会趋利避害，都会追求完美，只要是合理的目标，我们都应当付出努力，脚踏实地，尽量做到最好，而不是期待不劳而获，坐享其成。只要你努力了，你就可以心安理得地接受现实。

我们不能只看到追求完美坏的一面，也要看到好的一面。这个世界上很多伟大的事业，都来自对完美的执着追求。我们可以把这种对完美的追求用在学习、工作和自己感兴趣的事情上，让自己更加精进、不断成长。但对于生活中的琐事和那些不能改变的事，我们只需要尽人事听天命就可以了。

我们要时刻记得，这个世界并不存在完美的东西，这是一个多姿多彩的世界，没有最好，只有相对的好，真正的完美反而是一种缺陷，所有的不完美才汇聚成了这个完美的世界。

当你不能容忍缺陷的时候，其实是你对自己不够包容；当你包容自己时，也就没有了所谓的缺陷，完美即可显现。

包容即完美，完美即包容。

放下操控，建立自在：心灵的自由

有这么一类朋友，他总是想操控外在的世界，操控内在的自我，走到哪里，都想把万事万物放在自己的认知框架里。他在头脑里给万事万物拟定着标准和规矩，他不能容忍个性及变化，他恐惧嘈杂的场景，因为这一切对他来说意味着失控。但是，他不是上帝，外在的人、事、物根本不会以他的意志为转移，这就给他造成了极大的困扰和痛苦。

这种凡事都喜欢过度操控的习性，与他的原生家庭、成长环境、教育经历所带来的创伤有很大关系，因为过去的经历让他产生了固有的认知信念，长此以往，这些认知信念就内化成了性格的一部分，比如过度要强、要求完美、过度自恋、以自我为中心、缺乏安全感等。总之，他过去的经历导致他形成了目前的性格，让他养成了这种总是想操控一切的习性，因为只有这样他才能感觉到安全。但是，这犹如饮鸩止渴，越想去操控，就越容易制造出无谓的烦恼。

他的心中会有一个幻想的世界，这个世界并不存在于现实之中。他幻想别人应该怎么行动，应该怎么做。他幻想别人应该知书达理，应该充满善意，应该真实诚恳，应该像他想象中的一样。但是，幻想总是不切实际的，现实中他所看到的人，有的粗俗鄙陋，有的蛮不讲理，有的虚伪狡诈，这与他所幻想的相距甚远。这时他就会因失去操控感，因内在的自我受到挑战，感到愤恨、嫉妒、焦虑和恐惧等。有时他对自己也是如此，他幻想自己应该是勇敢坚强的、大方得体的、幽默风趣的、活泼开朗的，但是，他同时又幻想自己应该是温文尔雅的、稳重理智的、冷静沉稳的、亲和有内涵的。他的头脑中有着种种矛盾与冲突，有着种种标准和要求，到了现实之中，他发现自己并非他所幻想的那个样子，他会胆怯，容易焦虑紧张，容易犯糊涂，容易情绪化，有时也很脆弱。他内心所定义的世界与外在现实世界之间总是产生激烈的冲突，这种冲突便激起了他内心的焦虑、愤怒、自责、恐惧等情绪，他永远无法获得安宁。

当然，我们都会有操控的习性，我们都有操控人、事、物的欲望，这是我们的生物本性所决定的，只是我们操控欲望的强烈程度不同而已。

举一个常见的例子。我和我的妻子,在结婚后的一段时间里,随着激情的褪去,我们开始注意到了彼此身上的缺点。我们开始互相埋怨,以至于后来我们整日在冲突中度过。我想改变她,她也想改变我,就这样,我们两天一小吵,三天一大吵,差一点走到离婚的地步。终于有一天,我在痛苦中觉醒,我想解开自己的困惑,我不断地改变自己的认知,找寻婚姻危机的解脱之道。当我反躬自省、自我觉察、不断学习的时候,我才慢慢意识到,在我的头脑中一直有一个完美的妻子,她应该是知书达理的,应该是脾气温和的,应该是善解人意的,她应该是我头脑中所想象的那个样子的。但是,现实中人不会如此完美,每个人身上都有优点和缺点。比如,我选择了一个勤劳能干、认真保守的妻子,我就同时拥有了一个倔强而又固执的妻子。如果我没有这个意识,我就会总是想去操控她,我们之间的矛盾和冲突也就成为必然。同样,如果我的妻子无法意识到这一点,她也会总是想去操控我,所以,她总在埋怨我,觉得我喜欢讲大道理,不懂浪漫,不够体贴,嫌弃我每次说话总是做手势,讨厌我说话的语调,等等。其实她所讨厌的我的这些缺点的背后,也正是她所喜欢的我的优点。

当我意识到了自己不切实际的要求,意识到了我凡事都想操控的习性时,我就开始时刻提醒自己。我发现,我慢慢地接受妻子的缺点了,我很少再去和她争辩了。当我发生改变时,我的妻子也开始发生改变,我能包容她了,她也慢慢地包容我了,我们由原来每天激烈争吵,到现在一年都很难发生争吵了。有时我们也会彼此挑毛病,但是不会再像以前一样那么严肃认真,那么歇斯底里,那么一发不可收拾了,而更像一种单纯的调侃。即便发生了冲突,我们也会很快握手言和。我发现,当我选择包容而不是操控的时候,一切竟神奇地向我所期望的方向发生改变了。

所以,当你发现自己不能很好地处理你与你的爱人、父母、孩子、同事、领导的关系时，不能很好地处理自己与自己的关系时，往往是因为你的操控习性在影响你，你头脑中有一个不切实际的幻想，幻想他们应该像你想象中的一样。可在这个世界里，你不是导演，大家都是独立的个体，没有人会完全听从你的指挥，包括你自己的本能和情绪也不完全受你的掌控。于是，你与他人就会产生各种矛盾和冲突，你与自己也会产生各种矛盾和冲突，你会陷入无尽的烦恼之中。

这个世界本就是变化多端的，当你想操控这一切的时候，你其实是在作茧自缚，把自己限制在了条条框框里，最后你会感受到令人窒息的苦闷。

请放下操控吧，对于生活，请好好地享受，享受它的多姿多彩，人生重在体验，而不是活在概念里，不是活在你所设定的世界里。如此你才会发现这个世界如此生动，如此鲜活，就像大森林一样，如此生机盎然。请接纳不同吧，请接纳变化吧，请放下对于操控的执着，你应当面对现实，站在现实的土壤里，茁壮成长。

你放下了操控，就是放下了焦虑、紧张和恐惧；你放过了别人，就是放过了自己；你放过了自己，你才能真正获得心灵的自由。

我们不是要消除操控，而是要在需要的时候运用它，在不需要的时候随时放下它。人人都有操控欲，这是我们趋利避害的本能，这也代表着我们还有自我意识。就像一座高山挡住了你的视线，你要做的不是铲平它，而是爬上高山。来到山顶，你就可以登高望远，一览众山小。你就可以自由地眺望，你会拥有更广阔的视野，你不会再被高山挡住视线，你不会再被它所影响。你会知道，什么是你该控制的，什么是你该放下的，这样你的心就自由了。

放下芝麻，建立西瓜：让头脑更加清醒

在生活中，有两种心理最容易让人走向混乱，变得糊涂：一个是什么都想要，一个是分不清轻重缓急。

如果一个人什么都想要，大事小事都不放过，那么最后他将什么都得不到，变得非常没有主见。

大家一定有过这种经历，当你手里拿着几个杯子，其中有个杯子不小心突然滑落，这时你往往会下意识地用手去抓住那个杯子，害怕它摔碎。可是当你真的这样去做的时候，你手中所有的杯子都会掉下去，最后你一个杯子都保不住。再如，当你在玩打靶游戏的时候，计时10秒钟，如果前方只有一个目标还好，你会很轻松地击中目标。假如前方出现了十几个目标，晃来晃去，这时你可能就会慌乱。你不知道该瞄准哪一个，在犹豫之中，你很可能就会错失射击的机会，或者你根本无法瞄准任何一个目标，你无法集中精力，而是朝着前方胡乱射击，最后在忙乱之中结束游戏。

我的母亲在生活中就非常容易陷入混乱。最典型的例子就是，每当家里大扫除，收拾废品的时候我母亲和我父亲都会发生争吵。我母亲什么都不舍得扔，而我父亲会尽可能把所有垃圾都扔掉，这时两个人就会发生冲突。经常出现的场景是，我父亲已经扔出去的废品，又被母亲重新捡了回来。结果可想而知，家里垃圾越堆越多，冰箱里经常出现发霉的食物，每个角落都有各种废弃不用的物品，整个家里乱糟糟的。家庭环境就是一个人心灵的外显，在我母亲做主的情况下，家里就展现出了她的心理状况——混乱。她什么都想要，最终的结果就是家里一片狼藉。她什么都想要的习性，会扰乱她的心性，让她焦虑、不知所措。

如果一个人什么都想要，他最终可能什么都得不到，而且自己也会变

得优柔寡断，这体现在他做事的方式上。他什么都想要，就会导致他不容易分出轻重缓急，因为在他心里所有事都是急事，都想放到第一个做，所以他抓到什么就做什么。在很多情况下，他做着不重要的事情，想着着急的事情，担忧着重要的事情，混乱不堪，最后重要的事情耽误了，着急的事情错过了，不重要的事情没做好。比如，有一次家里收玉米，天色已晚，大家担心天黑以后玉米扔在地里很容易被偷。此时，往往就会有这样一种场景，所有人都在争分夺秒地往车上装玉米，而唯独我母亲游离在队伍之外，不听从安排。当找到她时，她正蹲在地上捡一粒粒的玉米粒。原来她在往车上装玉米的过程中，发现了地上掉落的一堆玉米粒，这些玉米粒分散了她的注意力，她就开始蹲在那里捡了起来，全然忘记了当下最重要的事。如果她自己在这里干活，到天黑时，她可能会收获一小堆玉米粒，但错失了一大批玉米。

　　受母亲的影响，我的这种情况也很严重，我也总是什么都想要，做事不太分轻重缓急。我用了相当长的一段时间，费了很大的功夫，才逐渐养成了新的习惯，由此生活才慢慢变得井然有序。比如，以前我在做一件事情的时候，在意的东西非常多，我总担心自己会有所损失，我会顾及很多人的感受，在意每个人的眼光，这就让我非常焦虑。我无法专注于当下的事务，而是把更多的精力都用在了一些不相干的、鸡毛蒜皮的小事上。人的精力是有限的，当我什么都想攥在手里的时候，最后往往什么都抓不住。

　　该舍弃的时候，一定要果断地舍弃。重要的是要探究你为什么不敢舍弃。我的母亲为什么不敢丢掉那些无用的垃圾呢？她在担心什么呢？她好像担心会失去它们，失去它们我的母亲又会损失什么呢？好像并不会有多么大的损失，卖掉这些废品，反而比放在家里产生的价值更大，起码家庭环境会干净整洁。暂时舍弃那些玉米粒，也不会遭受多么大的损失。但是，我的母亲就是不敢舍弃，她其实害怕的是这种失去的感觉，她恐惧这种感觉,这种恐惧深埋在她的潜意识之中,在暗中深深地影响着她。只要她敢直面这种恐惧,袒露它,经常性地挑战它,她就会发现"失去"其实并没有什么可怕的。

当你在做一件事情,发觉自己开始混乱的时候,发觉自己开始焦虑的时候,说明此刻你正"胡子眉毛一把抓",你什么都想要,你什么都不愿意舍弃,你不分轻重缓急。这时,其实也正是让自己养成新习惯的时候,你要意识到自己的这种状态,提醒自己该舍弃就舍弃,该丢掉就丢掉,把事情分出轻重缓急。抓住能抓住的,放下抓不住的,先做要紧的,再做次要的,最后做那些可有可无的。

当你有意识地调整自己,果断放下众多芝麻时,你就会很自然地拿起西瓜。当这种行为成为习惯的时候,你的世界将会恢复秩序,你的头脑会变得更加清醒,你会变得刚毅果决,条理分明,更有主见。

放下控制,建立容纳:为所当为

你有没有过类似的经历?你总是被某个想法或念头所困扰,你越想摆脱它们,它们越像苍蝇一样,在你耳边嗡嗡作响。你试图与这些念头作斗争,想要消灭它们,但最终败下阵来。你为此痛苦不堪,甚至怀疑自己有问题。

有个朋友曾经咨询我,说他总担心自己会突然死去,身体有一点不舒服就开始担心,对还没有发生的事情也担心。现在他找到了工作,还没开始做就有各种担心,担心的事情特别多,头脑受不了,总是很头痛。与其他人相比,他更难控制自己的这些想法,他总会胡思乱想。有这些担心其实很正常,我们都会为自己担心,担心不能适应新的工作。生活中让我们担心的事情很多，但正常情况下，我们不会被这些想法困扰。这个朋友焦虑和强迫的症状明显更加严重，他的想法让他焦虑，他的焦虑又反过来加重他的胡思乱想。造成这种情况的因素有很多，比如，要求完美、过于要强、自我对抗、过度自恋等，但不论有多少因素，重要的是要知道该如何才能更好地走出困境。

在心理学上有个效应——白熊效应，也叫作反弹效应，是指这样一种心理现象：一个人越想抑制自己的某种想法或念头，就越会使这些想法或念头浮现在自己的脑海中。白熊效应源于美国哈佛大学社会心理学家丹尼尔·魏格纳的一个实验，他让实验对象不要想象一只白色的熊，结果白色的熊却总是反复出现在实验对象的脑海中，他们越是让自己不要去想白熊，白熊却越是反复浮现在他们的眼前。

所以你会发现，一个失眠的人在晚上睡觉时，越是告诉自己不要失眠，他就越是睡不着；一个伤心的人，越是告诉自己不要回忆过去让人伤心的经历，他就越是去想那些令人伤心的往事；一个生气的人，越是告诉自己不要生气，他就越是想起让自己生气的事情。所以，如果你想要摆脱这种困局，最好的方式就是放手，放下你对于想法和感受的控制。当你不再与想法和感受纠缠的时候，你自然就不会再注意到它们。

针对这种情况，你可以试着这样去做。

首先，我们要承认和接受情绪与感受。就像这位朋友，他会担心自己突然死亡，担心自己的身体，担心自己的工作，这些非常正常。他因为这些担心，让自己非常焦虑，这也很正常。他首先要承认这些事实，承认他自己的情绪和感受。考过驾照的朋友应该都目睹过这种经历，总有一两个学员很难通过考试，他们通不过考试往往不是因为技术问题，而是因为紧张。他们第一步要做的就是承认紧张的合理性，不与情绪和感受纠缠，让它们自然地存在和消散即可。

其次，不要抗拒你的想法和需求，而是全然接纳它们。情绪来自我们的认知信念，按照上一步，我们可以很好地缓解自己的情绪。但是问题并没有彻底解决，因为引起我们情绪的是情绪背后的认知信念，如果这些不解决，情绪依旧会持续不断地出现。所以，全然接纳了自己的情绪和感受后，我们还要全然接纳自己的认知信念，也就是我们要全然接纳自己的各种顾虑和担忧。根据白熊效应，我们之所以摆脱不了自己的想法，正是因为我们企图对想法进行压抑和控制，问题就源于自我压抑。这时我们就要意识到白熊效应，由此来提醒自己，不要打压自己的想法和念头，不要抗拒自己的顾虑和担忧，让它们自然存在，让它们在你脑海里流动。我们可以把自己想象成一片无边无际的大海，这些不好的想法和念头，顾虑和担忧，就像一叶叶小舟，在大海里漂浮，慢慢地它们会变成一个个小点，消失在无边无际的大海里。就像考驾照多次不通过的朋友，他对考取驾照有着急切的需求，有过失败的经历，有顾虑很正常。如果他既不能承认自己紧张焦虑的情绪和感受，也不允许自己有担忧的想法和念头，并且还要去对抗它们，企图消除自己的情绪，这就是痴心妄想，是不可能的事情。他首先应该做的就是接纳，他全然接纳了这一切后，他的负面情绪自然就会降到最低，他就可以发挥出最好的状态，这才是正确的方式。否则，他就会陷入白熊效应，越是想着不要紧张，就越会紧张，所以这个时候让紧张的念头自然地存在就可以了。

最后，锁定目标，为所当为。当我们的精力集中在不要做的事上时，我们就很难再去想我们该做什么。当我们集中精力盯着某处看的时候，我们就很难再去看别的东西。所以说我们越是担心自己的工作做不好，我们就越会忘记该如何正确地工作；我们越是想着上台演讲不要紧张，我们就越会忘记要说的话。反之，当我们集中精力想着我们的目标，为所当为的时候，我们就不会总是让顾虑和担忧的念头占据思维空间，我们就可以更加清醒和冷静。当然，我们的担忧是必然的，但是，面对担忧，我们可以选择不去纠结，而是提醒自己该做什么。盯着目标，着手当下，为所当为就可以了。

摆脱某些念头和情绪的最好方式就是放下，锁定目标，着手当下，为所当为。当你低头的时候你就容易看到那些让你痛苦的念头，当你抬头的时候你看到的将是美丽、别样的风景。你不用去控制，你就已经看不到烦恼了，白色的大熊和烦人的苍蝇就已经无影无踪了。

放下标签，建立客观：照见完整的自己

我们总会不自觉地给别人贴上标签，给自己贴上标签，产生一种刻板印象，先入为主，不能正确、客观、全面地看待他人和自己。

标签化思维是一种非理性思维，往往是极端的和片面的，是一种非黑即白的思维方式。我们要特别注意自己贴标签的行为，因为一旦你贴上了标签，标签就会成为一种刻板印象，成为你潜意识中根深蒂固的一种信念，让你对人、事、物产生极端、片面、刻板的认知，这将难以改变，你需要付出极大的努力，才有可能撕下心中的标签。所以，贴标签的行为不利于我们全面客观地了解人、事、物，也不利于我们了解自己。特别是对自己贴标签，这种行为就如同作茧自缚，有百害而无一利。

有很多朋友在咨询我的时候，就总会这样形容自己：我觉得我是一个脾气非常暴躁的人，我觉得我是一个非常懦弱的人，我觉得我是一个非常愚蠢的人，我觉得我是一个容易抑郁的人，我觉得我是一个不受欢迎

的人，等等。这些朋友对自己的认知较为负面，给自己贴了许多负面标签，这些标签反过来加深他对自己的负面印象，让他无法摆脱这个诅咒的囚笼。

当他形容自己是一个脾气非常暴躁的人的时候，我会说"哦，你有发脾气的习惯"；当他形容自己是一个懦弱的人的时候，我会说"哦，你有一些想法让你恐惧"；当他形容自己是一个非常愚蠢的人的时候，我会说"哦，你可能做了一些错事"；当他形容自己是一个容易抑郁的人的时候，我会说"哦，你的心情一直不太好"；当他形容自己是一个不受欢迎的人的时候，我会说"哦，你觉得自己有些行为习惯，可能有一部分人不太喜欢"。其实，当你能够这样具体地描述自己，就事论事，对具体的行为进行判断，而不是针对自己时，你就会从偏见和标签中脱离出来。因为笼统的标签以偏概全，只能让人看到局部，而看不到整体，只能让人看到表面，而看不到本质，所以你就会很容易因为一个小毛病就完全否定自己，困在标签当中。标签就像一个容器，它会把你限制在里面，让你成为一潭死水。但事实上人不是固定不变的，而是可成长的、可变化的。

一个人给自己贴了许多标签，就相当于给自己加上了许多枷锁，就会被囚禁其中，难以挣脱，而且会非常累。如果这些标签都是负面的，他就会感觉窒息，很多痛苦往往就源于此。如果你把所有负面的东西，所有不好的东西，所有被否定的东西都当成你自己的东西，你肯定会痛苦，你会逐渐走向自卑和抑郁。比如以下这些标签：我是一个无能的人，我是一个愚蠢的人，我是一个懦弱的人，我是一个没有主见的人，等等。当你坚定地认为自己是这种人的时候，你怎么可能会快乐呢？我们应当就事论事，而不是针对自己。你可以说自己在某些事情上无能为力，可以说自己在某些事情上还不够明白，可以说自己在某些事情上还有些怯懦，可以说自己在某些事情上还不够有把握，这是就事论事。与盲目地贴标签相比，这反而给了你改进和成长的空间，不会把你禁锢在负面的标签里。否则，你就给自己定性了，你的标签就会固定不变。所以在感觉痛苦的时候，你要敢于撕去自己的标签，用客观、全面的眼光就事论事，重新审视自己。

但是，大多数人是没有这个意识的，并且没有勇气去改变。因为当他已经习惯了某种状态，习惯了别人的评价，习惯了在这个标签内的生活时，出于懒惰和恐惧心理，他就不愿意改变。改变需要付出努力，同时，改变意味着未知和不确定，会带来恐惧。所以说大多数人都会被困在自己的标签里，成为那个标签里的自己，限制自己的成长，无法突破。比如，你认为自己是一个正派严肃的人，这是你认定的一个标签，并且你也习惯了这种状态。在生活中你认为自己应该严肃一些，不应该轻浮好动，否则不仅自己不适应，也会引来周围人异样的目光。这个标签就会成为困住你的囚笼，给你带来痛苦。在本该放松的场合，你总会束手束脚，不能完全释放真实的自己，总是压抑自己的本性，压制自己真实的情绪。你会表现得一本正经，刻板严肃，显得格格不入，非常不自在。这时候就要运用自我觉知，突破懒惰，突破恐惧，用客观、全面的眼光就事论事，审视自己，刻意打破这个诅咒的囚笼，让自己获得释放和成长。

其实很多家长往往就习惯性地给孩子贴标签，如果是正面的标签还好，如果是负面的标签，那对孩子的影响是非常不好的。比如，有的家长动不动就说孩子是一个内向的人，是一个成绩不好的人，是一个脾气暴躁的人，是一个笨拙的人，等等，不断地向孩子灌输这种想法。孩子或许在某些时候、在某些情况下确实有着这些表现，但当家长盲目地给孩子贴标签的时候，家长就会失去全面了解孩子的机会，就会对孩子形成一种偏见，形成一种刻板印象，无法从整体上了解孩子，只会看到孩子的缺点，而看不到孩子的优点。孩子身上就会挂满负面的标签，从而让他变得消极。家长的负面标签会给孩子打造一个负面的囚笼，会让孩子今后按照家长贴的负面标签成长。孩子也会对自己形成刻板印象,他以后可能需要付出极大努力才能摆脱这个标签,甚至一生都会困在家长所打造的标签之中。

如果孩子也学会了这种贴标签的思维方式,对他人生的影响也将会是灾难性的。比如,当他做错事情的时候,他不会说自己犯了个错误,而往往会说自己是一个笨蛋。当别人反对他或做了他不喜欢的事情时,他不会就事论事去分析和思考,而是简单粗暴地给别人贴上一些不好的标签,如别人是坏人,别人是心术不正的人。这种贴标签的行为,就容易让人形成错误的刻板印象,严重影响人际关系,也容易让人产生焦虑,陷入消极的情绪当中。

所以,切记不要盲目地贴标签,要避免这种标签化的思维方式。遇到任何事情你都要尽量客观、全面、深入地分析原因。由此,你就会更加客观,能够更好地成长,照见完整的自己,活得更加通透,更加幸福。

放下性格,建立心态:上帝手中的接力棒

每个人的性格都不一样,这是由基因、原生家庭、成长环境、教育经历等共同塑造的。

有的人性格内向,有的人性格外向;有的人喜欢热闹,有的人喜欢安静;有的人大大咧咧,有的人小心谨慎;有的人奉行理想主义,有的人奉行现实主义。当然这些并不是绝对的,而是相对的,内向的人也有外向的时候,外向的人也有内向的时候;喜欢热闹的人也有喜欢安静的时候,喜欢安静的人也有喜欢热闹的时候;大大咧咧的人也有谨慎的时候,谨慎的人也有疏忽大意的时候;理想主义的人也有现实的时候,现实主义的人也有理想化的时候。也就是说性格并非绝对,只是在不同的时间和空间下,

在不同的场景和状态下，在不同的事件中，我们更倾向于哪一种。

所以在生活中我们的区别并不大，我们对痛苦和幸福的感知几乎是一样的。我们的性格没有好坏之分，每种性格都不是完美的，都有各自的优点和缺点。性格并不能决定我们是快乐还是痛苦，真正决定快乐和痛苦的是你能否接纳自己的性格。能接纳自己的性格，你就是快乐的；不能接纳自己的性格，你就是痛苦的，所以关键在于心态。

最常见的对性格的讨论，便是内向和外向的性格。生活似乎对内向性格的人不太友好，因为内向在大家看来意味着消极和抑郁，而外向则意味着开朗和乐观。但是性格不是单面的，比如，有时内向意味着内敛、有内涵，外向意味着张扬和肤浅。所以，每个人的性格往往是复杂的、多元的，绝不可草率地给自己和他人贴上标签，这会阻碍你全面地理解完整的自己和他人。不论外向还是内向，如果你心态不好，认知不客观，盲目地贴标签、下定义，盲目地否定自己，你就会痛苦。很多时候我们受趋利避害心理的驱使，盲目地羡慕别人，嫌弃自己，总是渴望成为别人，这种渴望往往就会让我们失去自我，失去理智，走向抑郁。

你是一个什么性格的人，你就好好做自己。你需要做的就是把自己性格中好的一面发扬光大，至于性格中的弱点，在生活中自然会得到一定的磨炼。性格与命运有关，你无须纠结它的好坏，它本身没有好坏，你也没有资格评判它，你更没有能力彻底改变它，你唯一能做的就是全然接纳你的性格，并发扬它的优点，打磨它的弱点。就像一棵绿植，我们能做的是尽量给它更多的营养，因地制宜，好好照料它、培养它，让它尽可能茁壮成长，发挥价值。但是，我们并没有办法从根本上改变它的性质，创造它是大自然的事情。接过大自然手上的接力棒，继续循着生命的轨道前行，这才是我们的事情。

我们之所以总想改变自己，很重要的原因是我们的本能——趋利避害。我们觉得什么样的性格对我们有利，我们就想拥有什么样的性格；我们觉得什么样的性格对我们不利，我们就想规避什么样的性格。这无可厚非，但很多时候，我们所看到的并不一定是真实的、完整的。也就是说你所看到的好，并不一定是真正的好；你所看到的坏，也并不一定是真正的坏。当你羡慕别人性格的时候，其实你往往只看到了别人性格好的一面，却没有看到别人性格的弱点。当你羡慕别人拥有美好生活的时候，你只看到了别人快乐幸福的一面，却没有看到别人悲伤痛苦的一面。为什么会这样呢？这里就不得不提生活中一个常见的现象——距离产生美。这就像我们看一个人，离得近，我们会看到他很多缺点，如脸上的痘痘、粗大的毛孔、油腻的皮肤、牙齿上的食物残渣、眼角里的眼屎等。当你离得远的时候，他脸上所有的缺点自然就模糊了，你看到的更多的是他的优点，这是一种自然现象。看待他人性格也是同样的道理。你离别人比较远，他的缺点都被淡化了，你就更容易看到别人好的一面。你离自己太近，你更多看到的是自己不好的一面，而总是忽略自己好的一面。就像内向的人羡慕外向的人，总觉得外向的人开朗乐观，有很多朋友，做什么都充满力量。这时候，你要多问几句，真的是这个样子吗？他们真的每天都很快乐吗？你真的看到他们的内心世界了吗？他们真的没有烦恼和痛苦吗？这个世界上真的存在没有痛苦的人吗？

我们所注重的不应该仅仅是表面的性格标签，而是要深入标签的背后，去看标签背后具体的东西。比如，如果一个人总是表现得非常内向，又总是因自己的内向而苦闷，说明他并不是单纯的内向，而是自卑，说明他讨厌自己，看不起自己。这种人往往会有特别强的自尊心，对自己有着极高的要求，有着很强的上进心，凡事要求完美。当他在生活中遭遇挫折的时候，他更容易自我嫌弃，更容易失去自我，他会把自己包裹起来，孤僻而又郁郁寡欢，陷入一种假内向的状态。这时的他特别讨厌自己，急切地想成为别人，成为他所羡慕的人，成为别人口中优秀的人。他觉得只有成为别人，他才会拥有快乐，其实快乐本就在他的心里，只是他放弃了属于自己的快乐而已。

所以，内向也好，外向也罢，不管你拥有何种性格，都不重要，重要的是我们一定要理解自己，客观、全面、完整地看待自己，无条件地接纳自己，尽可能地给予自己足够的爱，全然接下大自然的接力棒，把生命的力量传递下去，自然而然地成为最好的自己。

放下臆测，建立意识：心里有"鬼"

任何一件事情，你都可以往好的一面想，也可以往坏的一面想，只要你去推测，你都可以找到印证你想法的蛛丝马迹。你看到的，也并不一定是真实的，往往是我们"自己"想看到的，那个"自己"就是你的认知评价系统。

我前面曾经讲过《疑人偷斧》的故事，老者在认知当中，早就对邻居家孩子产生了偏见，认为他不是个好孩子，于是觉得邻居家小孩像偷他斧头的人，孩子的一举一动无不在示意着他偷了自己的斧头。直到老者自己找到了斧头，他的这种臆测才停止，而后他再去看邻居家小孩，孩子的神态和动作就再也不像偷斧头的人了。

他之所以怀疑邻居家孩子，是因为他对孩子先有了主观的成见，也就是在他的认知评价系统里，邻居家孩子是一个喜欢偷东西的人。这就导致他认为邻居家孩子就是小偷，但是这并没有事实根据，他并没有孩子偷斧头的确凿证据，他只是受固有认知信念的驱使，捕风捉影地、片面地收集着邻居家孩子是小偷的各种碎片化信息，孩子任何可疑的动作和神态都会被他当成有利的证据。这就是臆测，即毫无事实根据的主观猜测。

举个例子，假如一个人有口吃，他经常遭受别人的嘲笑，那么这些痛苦的经历，就会在他潜意识中形成认知信念，他会认为别人都看不起自己。那么在平时的社交中，他就容易觉得别人在嘲笑自己，议论自己，哪怕别人一个不经意的微笑，都可能会被他解读为恶意的嘲笑。所以你头脑中固有的认知信念，会影响你对事件的看法，并且这些认知信念会成为你臆测的源泉，让你不断去主观推测。

有个朋友咨询我，说他的一个同事最近总是在办公室里摔东西，制造出很大的动静，这就让他觉得同事在针对他，他觉得同事摔东西是对他有意见。这个朋友自述，他们两个原来关系还可以，但因为同事摔东西，他们的误会越来越大，现在几乎不说话了。很明显，他的推测是先有的结论"同事对自己有意见"，后捕捉到同事摔东西的信息的。如果他没有这个成见呢？没有这个认知信念呢？他会怎么想呢？当他的同事在办公室摔东西制造动静的时候，他会想同事是不是遇到不顺心的事情了，是不是遇到困难了，他会很自然地询问同事到底发生了什么，需不需要帮助，等等。他的同事也会跟他解释一番，即便真的对他有意见，这也是他们沟通的绝好机会。但是他为什么在一开始没有沟通呢？很明显，他在认知信念中，早就认定了他的同事对自己有意见，心里有了嫌隙。总之，就是自己心中固有的主观信念，让他坚定地认为同事一直在针对他，所以哪怕他同事咳嗽一声都会被他解读为在针对他。他平时累积的这些捕风捉影的信息，让误会越来越大，让他越来越焦虑，同事也会感觉到他的意图，总有一天他们两人会因此爆发激烈的争吵。

臆测对我们的危害很大，它经常让我们对别人的动机和行为产生脱离事实的推断，从而制造出很大的矛盾，让自己内心也产生极大的痛苦，那我们该怎么避免这种情况频繁发生呢？

首先，我们要知道臆测难以避免。每个人都会有臆测的时候，在遇到一件事情的时候，我们会根据自己固有的认知、经验和习惯进行推断，这非常正常。臆测可以让我们在没有掌握太多信息的时候，提早进行预判，推测可能的危险及可能的机遇，以便做好心理准备，采取一定的措施。所以臆测很正常，我们要先接纳臆测，承认臆测的普遍性。当真的产生臆测行为的时候，我们要尽可能地理解和同情自己，而不是盲目地否定和批判自己，以免让自己陷入无谓的自我对抗之中，产生过多的精神内耗，导致焦虑和痛苦。但需要注意，虽然我们接纳臆测，但臆测是臆测，事实是事实，不要把臆测完全当作事实，要随时对它保持警惕，不要让它过多干扰你。

其次，有意识地停止臆测。只要是臆测，你就可以往好的一面想，也可以往坏的一面想，怎么想都可以，你都可以找到印证你猜测的依据。由于缺乏事实根据，臆测往往是错误的，这就会扰乱你的心智。在臆测不能产生积极作用，而是产生消极作用时，对待臆测最好的方式就是停止臆测，停止评判，既不去想为什么，也不去想臆测究竟正确与否，而是直接停止。当然，这里有个前提，就是你要先意识到臆测的存在，也就是你要有自我觉知的能力，能够去感知自己的情绪、思维和需求等，否则你就很难停止臆测，而是总被臆测所影响。

再次，当无法停止臆测时，要马上行动起来。无论如何我们都不能盲目跟随臆测不着边际地遐想。就像这个朋友，他们两个人的误会已经非常大了，如果任由他臆测下去，只会让冲突更加严重。最好的方式就是沟通，解除误会。虽然跨出这一步会有些艰难，但是一旦他能行动起来，跨出这一步，就会彻底解决过度臆测的问题。当他养成这种主动面对臆测的习惯时，他以后的生活也会非常顺利，因为一个行动力强的人，臆测往往就会无处遁形，在臆测还没有开始时，它就会被扼杀在摇篮里。

最后，你还要明白产生臆测的原因，这是你需要下功夫的地方。主观臆测与一个人潜意识中的认知信念有莫大关系。比如，如果你认为自己长得丑，当你发现有人看你的时候，你就会认为别人在嘲笑你；如果你认为自己长得好看，当你发现有人看你的时候，你就会认为别人喜欢你。这就是认知信念对思维的影响，你会想当然，而不是依据客观事实去推测。所以，你要养成自我觉察的习惯，在臆测之后，及时找到臆测行为背后的原因。比如，你有着什么样的成见，有着什么样的认知和信念，认知评价系统又是如何促使你臆测的。当你能够熟练地自我觉察和分析的时候，你就可以很好地掌控臆测了。

所以，面对臆测，我们首先要接受臆测，承认臆测，要有自我觉知的能力，让自我意识觉醒，进行自我觉察，反思自己的行为，而后去解决臆测背后的问题。

放下坚强，建立柔软：人与人之间心灵的屏障

"要像男子汉一样，要自立自强，哭鼻子是丢人的"，不论男孩女孩，我们从小就经常被这样教育，并且被告知要懂得保护自己，不要过多袒露自己的弱点和心声，就像我们经常听到的那句谚语："逢人且说三分话，未可全抛一片心。"特别是身体有某些缺陷的孩子，在儿时容易被他人欺负，为了保护自己，他便养成了隐藏自己弱点的习惯。

随着年龄的增长，特别是离开校园，步入社会之后，你或许经历过被朋友利用，被同事出卖，被客户刁难，被亲戚鄙视，甚至被爱人背叛，等等。在受过一连串的社会毒打之后，我们更加坚信了这种人生信条，我们觉得靠谁都不如靠自己，我们在心灵上筑起一道坚硬的围墙，以避免自己

遭受更多伤害。我们严格地按照这个信条去做，以至于最后我们不能容忍自己的脆弱，把脆弱视为无能，视为不共戴天的敌人，觉得脆弱与坚强水火不容。在这种信仰之下，我们忘记了每个人都有脆弱的一面，人人都有依赖他人的需求，脆弱是我们的一部分。我们总是痛恨自己的脆弱，企图只留下自己最坚硬的骨头，但是，这和自我毁灭有什么区别呢？

我们不否认坚强，我们也不能拒绝脆弱，坚强和脆弱都是我们的一部分，就如同我们的骨头和皮肉，共同组成了我们的身体。可是我们总是喜欢正能量，盲目地追求坚强，我们害怕看到自己的脆弱、孤独、嫉妒、悲伤、阴暗等，我们害怕看到自己柔软的一面。这让我们近乎发狂，拼命躲避所谓的脆弱，内心疲惫不堪。我们总是掩耳盗铃、自欺欺人，就像站在冰天雪地里，虽然寒风刺骨，瑟瑟发抖，但是你在大喊着："我不冷，我很热。"为什么就不能抱一抱自己呢？为什么就不能承认和接纳自己真实的感受呢？

你或许通过自己的努力小有成就，或许通过自立自强获得了一些成果，但是，你总会感觉自己内心越发孤独，因为你总是戴着厚厚的面具和盔甲。为了显得坚强，你欺骗他人，欺骗自己，很难再感受到温暖的阳光。童年时期的你想哭就哭，想笑就笑，从没有对坚强如此执着，也没有对脆弱如此忌惮。你或许已经很久没有哭过了，你貌似已经不会哭泣了，也不太会放肆地大笑了。你的心里一直紧绷着一根弦，你一直在告诫自己，要表现出坚强，要展现出强大，不要暴露自己的脆弱和柔软，不能展现自己的缺点。但是，你忘记了自己是一个有血有肉的人，你也需要鼓励，你也需要理解，你也需要来自他人的温暖与爱，你更需要同情自己。

人都有脆弱的一面，都有缺陷，我们要正确地看待缺陷，不能视缺陷为敌人。缺陷人人都有，正是因为有了缺陷我们才得以成为一个完整的人，否则大家都这么完美，谁都不需要谁，没有了需求和依靠，哪里来的亲情、爱情和友情呢？哪里来的人与人之间的关系呢？哪里还会有感动和泪水呢？如果我们不能正视自己的脆弱，不能接纳正常的脆弱，总是企图逃避，脆弱所带来的恐惧就会深入我们的潜意识，在暗处影响我们，这也是导致心理问题的重要原因。脆弱如同阴影，阴影就像我们的影子，如影随形，有阴影的地方，一定是因为有光明。如果有一天你看不到自己的影子了，说明你的世界已经黑暗到伸手不见五指了，你或许已经病入膏肓。自强让我们独立，脆弱让我们相偎相依，前者让我们感受到自己的力量，后者让我们感受到心里的温暖。正是脆弱让你我产生连接，正是脆弱才产生了人与人之间的感情，正是脆弱才让我们能够感受到温暖与爱。柔软是情感的连接，假如我们每个人都坚强，我们就不再需要彼此，那这个世界恐怕比冬天还要寒冷。此刻，你的内心不正是这种感受吗？为了假装坚强，你费尽苦心，最后让自己的灵魂封印在最寒冷的高山之上。

在你佯装自己什么都懂的时候，你不如坦白自己的无知，你或许会感觉如释重负；在你佯装一点也不紧张的时候，你不如坦白自己的紧张，你或许会感觉轻松与自在；在你佯装一点也不痛苦的时候，你不妨酣畅淋漓地痛哭一场，或许你会感觉到从未有过的轻松和愉悦；在你佯装毫不在意的时候，你不如坦白自己的嫉妒，或许你会感觉到内心的平静与安宁。请击碎你那坚硬的外壳吧，它让你太疲惫了，你需要被关心，你需要被照顾，你需要被理解，你需要被接纳，你需要被认可。请大胆表露你的心声，展示你的不足，即便得不到满足，也足以让你卸下身上的包袱。

每个人都有脆弱的一面，每个人都有依赖他人的需求，每个人都有需要帮助的时候。在你深刻地认识到这一点后，你才不会总是需要依靠伪装来掩饰自己。所以，当你看到一个人表面上非常坚强，总是展示自己的强大时，你要看到他的脆弱，他在用厚厚的铜墙铁壁包裹自己柔弱的内心。他处在寒冷的山巅之上，他孤独寂寞，他是可怜的，他自身已经非常脆弱，他阻断了自己与别人的情感连接，他压抑了真实的自我，别人看不到真实的他，他自己也不愿意看到真实的自己。你要以此为镜，切莫让自己陷入坚强的圈套。只有击碎虚假的坚强，直面内心的柔弱，坦然地欢笑与哭泣，我们才能释放真实的自己，才能听到自己的心声，才能与他人建立真挚的感情，才能真正地感受到温暖与爱。踏着柔软，在柔软里成长，我们才会真正变得强大。

当你看完这节后，不妨想想那个被你封闭的自己，他太累了，他伪装了太长时间，请好好安慰一下他，让他放声哭泣，让他好好释放吧。请你放下伪装，卸下面具，适当地柔软一些，在内心开启一道大门，让你和别人都能看见真实的自己，让自己不再孤单。

放下依赖，建立担当：谁的责任

承担自己生命的责任，问题和痛苦才会离你而去。

很多人在生活中总是充满了抱怨、焦虑和痛苦，特别是在遇到一些较为重大的人生问题时，我们更容易产生这些情绪。但你有没有想过，这些人生问题究竟是谁的事情呢？是谁的责任呢？是谁的人生课题呢？别人有义务替你去承担吗？

很多人不愿意承担自己的责任，总是把责任推向外界。他们总说，我的家人不好，我的同事不好，我的朋友不好，我的客户不好……不管他们好不好，他们都是客观存在，就犹如太阳的东升西落，一年的四季交替，月亮的阴晴圆缺，天气的风云变幻，都是自然现象。但有些人总是寄希望于别人，依赖于别人的帮助，希望别人帮他承担责任。如果别人不帮他承担责任，他就会愤恨不已。他自己不去承担自己的责任，问题就会被搁置，而后越发严重，他就会更加痛苦。于是他开始把这种痛苦迁怒于外界，总认为这个世界在给自己制造麻烦，和自己作对。他最大的特点就是容易情绪化、容易抱怨、容易焦虑、容易抑郁，他总觉得自己目前的处境都是别人导致的。于是，一个满腹牢骚、抱怨不断、充满愤恨的人就此诞生了。别人可能确实不好，确实对你造成了某种伤害，或许你有强势的父母，或许你有背叛你的朋友，或许你有刁蛮的客户，等等。但是他们也只不过是一种客观的存在，你只不过是凑巧遇到了他们，在你怨恨他们时，他们该怎么样还是怎么样。你觉得你应该去改变他们，还是肩负起自己的人生责任呢？外界怎么样那是外界的事情，你怎么样，你作何反应，你怎么选择，那才是你的事情。

对此，很多人不理解，对方给我造成了伤害，难道我不去责怪他，反而要责怪自己吗？这不是加重自己的痛苦，让自己自责吗？大多数人一听到责任，就会简单将之理解为狭义的责任，比如谁对谁错。这里的责任不是这个意思，这里的责任不分对错，而是指你所遇到的这件事情究竟是谁的事情，这个遭遇到底是谁的遭遇，你也可以把它理解为一个人生课题。一个人遇到了一些不好的事情，这是谁的事情呢？是别人的事情吗？别人只是你人生故事中的一个角色而已，你才是主人公，这是你的事情，这是你的责任。我们前边也讲过人生课题责任的划分，一个重要的依据就是，我们要看最终的后果由谁来承担。别人确实不好，别人确实伤害了你，但是谁来为你的人生负责呢？最终不还是你自己吗？

有位女士曾经咨询我，说她的老公对她非常不好，总是冷嘲热讽，不会关心她。在她坐月子的时候，因为吵架，她老公曾经离家10多天没有回来。后来因为和老公的婚姻问题，她产后抑郁，分居有4年之久，一个人带孩子。但后来两个人又重新走到一起，不过老公依旧如此，没有任何改变。她非常绝望，她无法改变老公，她的老公也明确告诉她，不会做出改变。于是在绝望中她想到了离婚，但是因为孩子需要爸爸，需要一个完整的家，她又于心不忍。老公不能给她需要的关心和爱，她又不能离婚，所以她非常痛苦。她一直说着老公的不是，后来我问她，你的老公为什么会一度离开你呢？她说她老公想要绝对的自由，她老公觉得和她在一起太受束缚。说得直白一些，就是她太依赖她的老公，让她老公感觉窒息。其间她说了很多经历，大体都是在埋怨她的老公，说她老公不为她着想，不会照顾她的感受，吵架后不向她主动道歉，不主动给她打电话嘘寒问暖……

可以看到，她是多么依赖她的老公，所以这不是一个人的问题，他们两个人都有问题，他们都需要成长。但是，他们没有一个人愿意成长，没有一个人愿意肩负起家庭的责任，没有一个人愿意为自己负责，而总是希望对方为自己负责，对方为家庭负责。这位女士想改变她的老公，希望她老公对她更加体贴，她的方式就是唠叨和埋怨，更加用力地束缚她的老公，最后逼得自己抑郁，逼着老公离家出走。她的老公想摆脱她的束缚，用的方式是冷落和嘲讽，却导致了矛盾升级，婚姻问题更加严重。两个人都想改变对方，都觉得是对方的责任，不愿意为家庭负责，最终导致婚姻走向尽头，陷入苦海，这就是问题的关键所在。

随着谈话的深入，她开始慢慢意识到自己的依赖心理，意识到了那个没有安全感的自己，想到了自己的原生家庭。她说，她的父母和外婆重男轻女，不幸的是她家四个孩子都是女孩，她又是老大，所以承担了父母过多的责难。父母在她小的时候会经常打骂她，拿她出气，这让她缺乏安全感。所以她现在特别依赖她的老公，希望她的老公能填补她童年缺失的爱，希望在老公身上能够获得尊重与认可。但是很可惜，她的老公并不是一个成熟的男人，他看不到她的渴望与脆弱，认为她在无理取闹。这个男人没有力量去治愈她的创伤，他既不愿意成长，也不愿意承担这个责任。所以她现在只能靠自己，只能去承担自己的责任。但是，由于受到她父母的影响，她也有推卸责任的习惯，她把自己的责任推向老公。所以，她意识不到这是自己的责任，总认为是她老公的责任，是她父母的责任，认为都是他们的问题。由于她不愿意承担自己的人生课题，她不断地纠缠她的老公，希望老公能帮她承担她的责任。老公的态度是拒绝的，于是两个人之间就不断发生争吵。

就在前些天，她和老公因为在外面吃饭的一些琐事又发生了争吵，导致她嗓子都哑了，于是她怪她老公激怒了她，不然她也不会大吼大叫。你看，她又把保护自己身体的责任推到了老公那里。为了保护自己的嗓子，她完全可以冷静下来，停止吼叫。不管她老公怎么说，那都是她老公的事情，至于她做出什么行为，这就是她自己的事情了。她完全可以为自己负责，做出对自己有利的选择。但是，她把情绪失控的责任推给了老公，这也就意味着她把自己的命运递到了老公的手里。所以她情绪失控了，嗓子喊破了，嗓子疼痛这个后果她要自己来承担，所以这是她自己的责任。但是大多数夫妻都意识不到这一点，一旦发生争吵，都会认为是对方的问题，对方应该为自己负责，这是一种错误的想法。我们都是独立的个体，自己要为自己负责。如果两个人都想着让对方为自己负责，最终的结果往往是两个人都不负责，婚姻便会出现危机。一定要记得，只有你自己能为自己负责。

再后来，她又想到了父母的不好，她越说越激动，边说边抽泣。她说她无法和自己的童年和解，无法和自己的父母和解，她更没有办法和她老公和解，痛苦的只有她自己。她不知道为什么，那些人好像对这些事情没有知觉，好像什么事情都没有发生，只有她自己陷入痛苦里。这位女士的感觉没错，是的，他们可以当作什么事情都没有发生，因为这不是他们的事，不是他们的人生，不是他们的人生课题，他们没有义务承担这位女士的责任，这是她自己的事情。我如实地告知她这些真相，我不知道她能不能理解，但是从她后来的话语当中，我能够感受到她内心多了一丝坚定，怨气也在消散，一股积极的力量在升腾之中。她意识中的火星已经出现，虽然我不知道这个火星会不会成为燎原大火，抑或很快熄灭，但是这个认知的种子已经种在她的心里，随着人生各种经历，一旦时机成熟，种子一定会慢慢发芽，结出幸福的果实，帮她摆脱这些痛苦。

我们不能让别人替我们承担责任。你要随时意识到自己的依赖心理，并着手从具体的事情中练习，承担属于你人生的每一份责任。

责任并不是单纯的对与错，更不是怨谁的问题。谁对谁错，究竟怨谁的思维，是一种情绪化的思维。你应该做的是行动起来，担负起自己的责任，为自己的人生负责。把责任推向外界，既是把命运交给了外界，把责任丢给别人，也是放弃了自己的责任。没有人承担你的责任，你的人生就会充满问题，你会非常痛苦，这种痛苦会一直敲打你，直至你觉醒。

你要时刻记得，没有人有义务帮你承担你的责任，包括你的父母和爱人。只有深刻地认识到这一点，你才会成为自己命运的主宰，你才会心甘情愿地面对失败，你才会平静地面对风雨，你才会平和地面对一切，你的内心才会拥有无比强大的力量。

放下刻板，建立灵活：境由己造

在很多情况下，我们对自己的认知太过刻板，不够灵活，盲目地给自己贴标签、下定义，把自己囚禁在某种框架里，无法灵活地改变自己当下的处境。

比如，我们对性格的定义，在生活中性格常分为内向和外向，其实它们并不能代表性格，它们仅指一个人开放自己的程度，只是性格中的某些偏向性特点而已。

就像两座城市，城市内的布局和设施都是一样的，但是其中一座城市的外围高墙林立，还有护城河，只有一个门，平时也很难见其打开，外面的人很难进入，也很难看到城市内部的样子，需要很多条件才能慢慢打开这座城市的大门，那么这个城市就会被认为是内向的、封闭的；另一座城市，虽然它和前面那个城市的布局和设施都一样，但不同的是它没有高墙，没有护城河，从外面就可以看到里面的一切，人们也可以随意进出，那么这个城市就会被认为是外向的、开放的。其实这两座城市本质上是一模一样的，只是开放程度不同而已。

好比两个都很实在，各方面都很相似的人，其中一个人开放性相对比较大，几乎没有防御心理，我们就会称之为外向的人，这种人比较随意和开放；而另一个人开放性相对比较小，防御心理很强，很少打开自己、敞开心扉，比较保守，我们就会称之为内向的人，这种人比较严谨、内敛。仅仅因为开放程度不同，我们就给出了两种截然不同的定义，但是这个定义并不能完全代表两个人的性格，因为他们在其他方面可能非常相似。也就是说，一个人内向或外向，并不能等同于性格，更不能完全代表性格。所以，有时你会发现，性格截然不同的人，一样会成为很好的朋友。在你的身边，你仔细观察一下，那些非常外向的人也会有性格很内向的朋友，那些性格很内向的人同样也会有性格很外向的朋友，为什么呢？

人与人能不能成为亲密的朋友，能不能玩到一起，讲究的是能否趣味相投、志同道合，相似的人更加容易互相吸引和欣赏，他们除了开放程度不同，也就是内外向上的不同，其他方面还是非常相似的。也许两个人都很实在，两个人都很善良，两个人都很喜欢音乐，两个人都很喜欢打游戏，等等。所以两个人就很容易互相吸引，互相欣赏，友好地相处。他们的性格大部分还是非常相似的，唯一不同的就是开放程度。

人的开放程度不同，往往与基因、原生家庭、成长环境都有很大关系。比如你有着非常严谨的父母，他们对你的管教也很严格，他们对待身边的人总是过分小心和客气，他们对别人有着较强的防御心理，那么他们所组建的家庭的氛围也就比较压抑。在这种家庭氛围中长大的孩子，往往就会习惯了这种"封闭城市的建设"，就很可能也会封闭，成为一个内向的人。当然，也不乏会出现另一种极端的例子，因为讨厌这种氛围，他就会选择主动推倒高墙，成为一个性格外向的人，走向完全背离父母行为方式的道路。又或者因为身体缺陷，导致他总是处于弱势地位，容易被欺负，所以他从小就学会了保护自己。他会极力隐藏自己，在周围建起一座高墙，修建出宽阔的护城河，他隐藏在丛林之中，始终与周围保持距离，把自己保护起来。等他长大以后，他习惯了这种方式，就不太愿意表达自己了，这就会内化成他性格的一部分，导致他成为一个内向的人。

有些朋友纠结于自己是内向的还是外向的，这完全没有必要，反而会形成刻板印象，限制自己的发展。一个人的性格所包含的内容很广，比如认知信念、定义标签、身份角色、欲望本能、各种习性、痛苦的身份等，这些都会在第三部分中具体讲到。重要的是你要全面地了解自己，了解自己的需求，对自己的认识要灵活一些，不要那么刻板，不必给自己贴太多标签，不必下过多定义。把自己禁锢在一个狭小的空间当中，会限制你自己的发展。

比如，有些朋友在家人面前能说会道，一到陌生人面前就不知所措。其实，这完全取决于他是否敢于开放自己，取决于他开放自己的程度。在家人面前，他感觉安全，所以让心灵的大门敞开；而面对陌生人，他习惯了过度防御，所以总是让心灵的大门紧闭。他不敢发表观点，怕说错话、做错事，不敢谈论自己，自然就会感到不知所措了。

开放程度越大，你就会越自在，越舒适，越轻松；开放程度越小，你就会越拘束，越难受，越沉重。当然，开放程度越大，意味着风险越大，你犯错误的可能性也就越大；开放程度越小，意味着风险越小，你犯错误的可能性也就越小，这是必然的。所以我们要适时根据不同的场合，以及所面对的不同的人，根据自己的需求，来决定自我开放的程度，也就是内外向的程度。

你的性格就像古代一座城市的系统，你的内外向就相当于城市的大门是全部打开，还是半遮半掩，又或全部封闭。你只有适时地敞开自己，让里面的工商业系统和外界其他城市的工商业系统互通，如此你城市系统中的优势才能发挥出来，才能更好地与外界合作。假如这座城市与其他的城市完全隔绝，没有任何来往，那么即便再优秀的工商业系统也无法运转。

每个人都有优点和缺点，如果你敞开自己，意味着你的缺点也会被他人发现。但是，如果你不敞开自己，你就无法去适时地发挥自己的长处。所以我们不能为了掩饰自己的缺点，就放弃自己的优点。我们应该适时地敞开自己，让自己的性格发挥作用。

我们要学会在面对他人时，根据不同的处境和需求，适时地调整自己。当你自己发生变化时，你的处境自然就会发生变化，你的需求自然就可以得到满足。比如，我在重要的场合就会比较内敛，这种内敛是我从小到大养成的一种习惯，也是一种自我保护模式。虽然有时它让我和别人不太容易产生亲密关系，让我过于拘束，但因为这种内敛反而会让我在这种正式场合更有分寸，做事情的时候更加稳妥，更加得体，也更容易给自己赢得好的机会。但是，这不意味着我就是一成不变的，在较为熟悉的人面前，我就会更加放松，真实的自我会更多展露出来，这时的我会更加轻松自在，也会更加随意随性。当然这也不是绝对的，因为影响我开放程度的不只是场合，不只是某类人，还有具体的对象，也就是面对的具体是什么样的人。他是一个严肃的人？还是一个随和的人？他开放程度是大还是小？这都会影响我的开放程度。如果对方是严肃的，我就会更加内敛和谨言慎行，防止出现冒犯别人的行为。如果对方是随和的，我就会更加开放一些，随意一些，让双方更加轻松。但是，这也不是一成不变的，因为假如对方特别严肃，而我想要一个更轻松的氛围，怎么办？依靠对方是不太可能的，因为他本身就很封闭，那么就只能够靠我自己。我可以调整自己，让自己更加开放。我会多分享自己的观点和感受，甚至可以自嘲，慢慢地感染对方，让对方打开城门，卸下防御，让双方更加熟悉。

所以，你会发现，在社交中真正影响你的处境的，除了别人，还有你自己。你想要别人怎么对你，你就要表现出什么样子。这个表现不是伪装自己，而是指你自己的开放程度。如果你希望别人尊重你，那么你就尽可能地表现出严肃的一面，不苟言笑，尽力地封闭自己，这时大家就会对你更加礼貌，敬而远之；如果你希望别人亲近你，那么你就尽可能地展现出随和、可爱的一面，尽可能地敞开自己，甚至开自己的玩笑，如此大家自然就会更喜欢你、亲近你。

所以你没有必要纠结自己是内向的还是外向的，这只不过是你性格之城的大门而已。你要做的是学会适时地敞开或关闭这座心灵之城的大门，如此你才能够更好地适应环境，让环境随着内心的需求而转变。

世界是一面镜子，它会验证行为的对错。你要根据这面镜子适时地调整自己，而不是固执己见，墨守成规，被动等待。你想要受人尊重，那么你首先要成为一个值得被尊重的人；你想要受人喜欢，你就要成为一个值得被爱的人；你想要和别人关系更加亲密，你就要主动敞开自己。调整自己的前提是，了解规律，只有深刻洞察规律，做到灵活而不刻板，你才能真正地满足自己的需求。

一切外在情境的变化，都取决于你的内心。通过调整自己，顺应规律,"境"便可由你自己创造。

放下自卑,建立自信:做回自己的主人

我们先来说一下自卑,什么是自卑?自卑就是感觉自己低人一等,感觉自己没有价值,也就是不自信,不相信自己。

所以,自信与否,就在于你是否相信自己,相信自己你就会自信,不相信自己你就会自卑。由此入手,便可以减少自卑感。

但是,你为什么要相信自己?凭什么相信自己呢?对于这个问题,我们可以反过来问自己,你为什么不相信自己?凭什么不相信自己呢?

有朋友说,我懂得少,我学历低,我见识少,我地位低,我长得丑,我没有朋友,等等。你可以找出各种理由说明自己不够有价值。但是,谁又告诉你,必须懂得多才是对的?必须学历高才是对的?必须见识多才是对的?必须长得好看才是对的?必须朋友多才是对的?谁给你的这些评判标准呢?这些都来自你的原生家庭,过去的成长环境,以及教育经历等,都来自外界。于是,你有了一些认知和标准,形成了是非观念。

有了这些标准,再通过你的经历便会让你形成固定认知。比如,达不到标准你就是失败者,你就会受到周围人的责难,你就会感到伤心;达到标准你就是成功者,你就会受到周围人的赞扬和重视,你就会感到快乐。人们通过这种方式对待你,对你进行各种情绪上的刺激,让你知道什么是对的,什么是错的,什么是规则。就像我们训练小狗一样,小狗做错了你就打它,小狗做对了你就扔根骨头并爱抚它。很快在小狗的意识里就有了你灌输给它的标准,违背标准就意味着疼痛和挨饿,所以,为了避免这种痛苦,它就会严格遵循标准。别人对待你就像对待小狗一样,当你做错

时，不符合他们的标准时，他们就可能会对你大吼大叫，可能会摔门而去，可能会给你一个鄙视的眼神，可能会疏远你，等等，让你产生内疚感和羞愧感，让你焦虑和恐惧，让你慢慢对这些标准形成了条件反射，形成了情绪上的记忆。即便没有他们在场，当你已经违背或想要违背这些标准时，你痛苦的情绪就会立马涌上心头，你也会像他们一样，对自己冷嘲热讽，让自己备感焦虑。

一旦这些标准内化为你的信念，就会影响你生活的方方面面，影响你的情绪，影响你的行为，让你时常陷入焦虑、恐惧和自我怀疑之中。外界灌输给你的这些标准，就会成为你是否有价值的参考。在这些参考标准下，不论你成功还是失败，你都是自卑的，为什么这么说呢？因为参考标准并不是来自你自己的内心，而是来自外界。从你不相信自己开始，你就已经走向了自卑，这与成功和失败无关。

一个自卑的人，在生活中想得更多的是应该与不应该，而几乎不去想自己到底喜欢还是不喜欢，想还是不想。因为他不敢这样去想，他不相信自己。他不相信自己的想法，不相信自己的判断，不相信自己的需求，不相信自己的感受，他在生活中失去了自己，他的灵魂在风雨飘摇的世界之中，他被外界的各种观点、概念、规则所影响。

"喜欢还是不喜欢，想还是不想"才是你的声音，而"应该与不应该"是外界的声音，是别人的标准和要求。你不相信自己，只相信外界的权威，所以，你才会非常在意别人的看法，非常在意别人的眼光。你不相信自己，只相信别人，别人的一个眼神、一句话、一个动作都可能会让你焦虑很久，以至于你最后都不敢自信地接受别人的夸赞。你会时常陷入举棋不定和自我怀疑之中，因为外界有各种声音，同一件事情，就可能有不同的评价。你不相信自己，你又不知道该听谁的，于是你慌张和焦虑，你失去了自己，成为了外界的奴隶。

自始至终，你的自卑、你的焦虑、你的恐惧、你的沮丧等、都来自你对自己的批判和否定，而这种批判和否定的习性又来自别人对你的强行训练。这个人可能是你的父母，可能是你的老师，可能是你的同学或朋友，可能是你的同事或领导，又或者是陌生人，等等。外界会给你设定各种标准，当你做不到的时候，他们就会对你进行打击和批判，让你受尽精神的折磨，让你内疚和羞愧，焦虑和恐惧。他们从小就训练你，让你学会自我批判和自我打击，让你慢慢学会自我攻击，让你不断地产生这种内疚、羞愧和焦虑的情感体验，让你产生这种情绪上的应激反应。于是，在不断自我批判和否定当中，你就慢慢地丧失了自我，失去了自信，产生了强烈的自卑感。

当然，我们不能说他们完全是恶意的，不管是父母还是老师，他们有时也是为了你好，让你在社会上更好地生存。但是，想让一个人进步，靠的不是批判和打击，这只会让他产生自我内耗，让他走向焦虑、恐惧、沮丧、自卑，甚至抑郁等。正确的做法应该是鼓励和同情，鼓励和同情会让一个人生发出力量。一个人学会了自我鼓励和自我同情，他的内心才会有希望，他才会相信自己，他才会不断努力，他才会获得勇气。

不论他人动机的好坏，这种训练方式本身就是要弱化你的个人意志，让你不相信自己，因为只有这样你才会乖乖听话。在长期训练之下，最终你就会把评判的权利拱手让人，你就会被成功训练为一个不相信自己的人，一个丧失个人意志的人，一个自卑的人。所以，请收回评判的权利吧，只有你才有资格评判你自己。你要深刻地认识到，除了你能够为自己负责，没有人会为你的人生负责。你要做自己的主人，你要相信自己的判断，你要相信自己的感受，你才是自己最终的评判者。当然，这并不意味着你就可以随心所欲、为所欲为，因为当你决定成为自己的评判者的那一刻，就意味着你要承担起自己的人生责任，为自己的行为负责。说起负责,你不要害怕,因为这才是自信的开始,才是自由的开端。

从今以后,你要多问自己"喜欢还是不喜欢,想还是不想",要少用"应该与不应该"的思维方式。当你一味地选择后者的时候,往往意味着你把自己的责任推给了外界。一旦出现问题,你就会可怜巴巴地说:"不是我的责任,是别人让我这么干的""不是我的责任,大家都这么做"。你成功地推卸了责任,失去了自信,你不愿意为自己负责,也就失去了自己的权利。

看完这一节,你就要在生活中多练习。在一开始的时候,你肯定会产生挫败感,这是非常正常的,因为你还不够熟练,还不够习惯。如果你依旧不自信,不要着急,不要急于求成,你要提醒自己——你才是自己最终的评判者,并且你愿意为自己的一切行为负责。

放下回避,建立真诚:真诚的力量

在生活中,你是否总是感到自卑,非常在意别人的眼光,做事优柔寡断,总是依赖别人替你做决定,容易成为那个任人拿捏的软柿子,总感觉难以应对生活中的各种问题,严重缺乏内心的力量。

像这种朋友,最大的一个特点就是容易情绪化。在他遇到问题的时候,他不能像成年人一样去处理问题,而更像一个小孩子。他要么一味地抱怨,要么一味地愤怒,要么一味地沮丧,要么一味地恐惧,总是耍脾气、耍性子,自怨自艾,迟迟不能做出决断,总是逃避问题。问题被搁置,就又会让他更加情绪化。所以他就进入了一个恶性循环,越挣扎越情绪化,越情绪化就越无法解决问题。

他的经验告诉他,他自己无法解决问题,他的习惯又让他总是逃避问题，所以这就注定了他的失败。在一次次的失败中他更加坚信自己无能，他会非常自卑，总是自我否定。在这种状态下，他就会继续失败，继续自我怀疑，继续自我否定。他会更加自卑，异常敏感，非常在意别人的看法，总是对一些事情耿耿于怀，遇事优柔寡断、畏畏缩缩。他除了情绪化，几乎没有解决问题的能力。他严重缺乏主见，更害怕承担责任。他不相信自己，不敢为自己负责，不敢自己做出决定，凡事都依赖别人的建议，不敢独立自主地思考，所以，他自然就很容易被周围的人操控。

在这种自卑与自我否定的状态下，他会很快陷入痛苦的深渊，他几乎不能在社会上独立生存，只能千方百计地依附别人。所以，他不仅容易被别人操控，他也很乐意去操控别人。他操控别人的方式就是，通过情绪化让别人产生道德上的愧疚感。当他发现别人不愿意为他负责的时候，他就会拼命地数落对方，责难对方，甚至一哭二闹三上吊，牢骚不断，抱怨不断，痛哭流涕，让对方内疚和自责，进而达到操控对方的目的。

如果想打破这个恶性循环，变得有自信，有主见，有力量，他需要做以下三件事情。

第一，真诚。

第二，养成真诚的习惯。

第三，做自己的评判者。

真诚就是真实诚恳地倾听自己内心的声音，并且勇敢地把它们放到桌面上，暴露在阳光之下，与他人坦诚地协商，处理矛盾，解决问题。

美国心理学大师曼纽尔·J.史密斯，在他的《强势》一书中说过这样一句话："生活总会给人带来问题，这才符合自然规律，真正的问题在于人们总是无法应对问题，因为不够强势。"这里的强势不是要压过别人，不是咄咄逼人，而是直面问题，也就是真诚。真诚地对待别人，真诚地对待自己，真诚地对待你与他人之间的矛盾与冲突，真诚地面对问题。

当你养成了真诚的习惯，养成了直面问题的习惯，你就会变得"强势"（你会很自然地、心平气和地说出你的需求，你也会很自然地接纳自己的需求），你的这种强势感，又会增加你的自主感（你能够处理这些问题，你会坚持自己，在不损伤自尊的前提下，与他人达成协议），你的自主感又会增加你的自信（你会更加相信自己的感受、想法、行为），你的自信会让你更加独立与强大（你敢于为自己负责，愿意为自己的行为承担一切后果）。你会进入一个自信的循环当中，这个自信不是盲目自负，而是更加客观，更加冷静，更加自主，更加独立。

这时的你会更多地倾听内心的声音，而不再盲目地依赖别人，你拥有了更加独立的人格。当你拥有了这种独立的人格时，你的内心便少了抱怨和责难的声音，而更多的是："我就是这样，我愿意为我的行为负责。"

就像上一节说的，你才是最终的评判者，没有人可以评判你，包括你自己的是非观。所以你要真诚地去感受自己的内心，体会那个真实的感受，那个感受才是你自己的声音。你才是自己最终的评判者，你只需要知道自己想要什么，自己的感受如何，真诚地解决问题，并承担一切后果，为自己负责。正如曼纽尔·J.史密斯所说："你有权坚持自己的行为、想法和情感，并对产生的一切后果负责。"

一个真诚的人，一定是一个"强势"的人（敢于承认并表达自己的想法、需求和感受，并做出行动），一定是一个自信的人。一个人越真诚，就会越强势，敢于把问题摆到桌面上，问题就容易得到解决。问题得到解决，他就会更加自信和成熟，更加轻松和快乐。

放下放下，建立放下：放下放不下

讲到这里，我们介绍了放下与建立，剩下的需要你自己去探索。但请不要担心，后面我会分享探索的方法，让你可以窥见情绪背后的深层问题。

如果你能放下所有，我想你的内心就一定会获得永久的安宁。

我们放不下，是因为我们还有欲望，哪怕到我们生命的终点，我们依旧会有存活的欲望。

所以，在我们活着的时候，我们是无法做到完全放下的。如果你非要强迫自己放下，这反而是一种放不下，不仅无法给你带来自由，反而会叠加更多痛苦。

也许你的身上还有很多缺点，也许你的生活还有很多不如意。但是请不要忘了，你所谓的缺点，所谓的不如意，往往都是基于你的欲望而来的。没有了欲望你就没有了目标和需求，没有了目标和需求你就没有了对自己的要求，没有了对他人的要求，没有了对生活的要求，自然也就没有了满意和失望，没有了所谓的痛苦。

当然，这并不是说欲望不好，也并不是要你彻底地放弃欲望，而是你要能正确地看待自己的欲望。人有欲望很正常，盲目地敌视欲望是错误的，我们应该请欲望来到我们的心里，让它坐下来，好好和它聊一聊，问一问它到底想要什么，安抚一下它那浮躁的心。欲望可能一会儿告诉你它想要一张美丽的脸庞，一会儿告诉你它想要一款新出的手机，一会儿告诉你它想要个大房子，一会儿告诉你它想要很多朋友，一会儿告诉你它想要更加自律，一会儿告诉你它想要好好睡一觉。它会告诉你很多，它有很多需求，这都没有关系，最怕的就是它什么都不想要，对什么都不感兴趣，那就真的有问题了。当我们不再对快乐有期待的时候，我们就失去了渴望，陷入了严重的抑郁之中。此时的你没有任何欲望，没有任何需求，你的整个天空笼罩着一层阴影，灰蒙蒙的一片，没有任何色彩，你工作、逛街、吃饭、社交等都像例行公事，没有任何快乐可言。如若真的变成这样，那就太可怕了。人没有了快乐，对生活没有了期望，就体验不到丰富的情感，那我们对生命还有什么留恋的呢？

所以问题并不在于欲望，欲望没有好坏之分，它既可以给我们带来快乐，也可以给我们带来痛苦，重要的是你能否看到自己的欲望。如果你看不到自己的欲望，欲望就会成为毒药，迷乱你的心智，让你心神不宁。如果你能看到自己的欲望，那么它就会成为甜美的果实，不仅可以提供"营养"供你成长，还能让你身心愉悦，充满力量。

合理的欲望，我们完全可以全身心地接受它，即便无法实现，我们也不用对抗它，享受成功与失败，享受欢笑与泪水，享受欲望带给我们的各种人生体验。不合理的欲望我们要及时放下，若无法放下，我们也不要去纠缠。

放下不是为了别人，而是为了自己。当你学会放下时，你就不至于总被自己的欲望所裹挟，一会儿对自己不满意，一会儿对他人不满意，一会儿又对生活不满意。你可以摆脱欲望带给你的烦恼和痛苦，知道什么才是最重要的，它不是你的需求，不是你想要的某种能力，不是你想要的顺心如意的生活，而是你自己，一个独一无二的你。当你明白了这些时，你就不会再拿鞭子抽打自己，逼迫自己不断向前迈进，迈向那个极端的、空无的标准，而是能够理解自己、宽容自己、爱自己。坐下来歇一歇，喝口茶，躺在草地上晒晒太阳，你会突然发现，这傍晚的落日真美啊！你会由一个对自己极端严苛的人，变为一个宽厚仁慈的人，由此你的内心会更加平和，你才不会那么痛苦，你才会更有勇气去迎接人生中的每个挑战。

欲望能带来痛苦，也能带来快乐，重要的是你要能看到自己的欲望，你要做自己的主人。我们不抵触欲望，但是我们要能够洞察欲望；我们不敌视欲望，但是我们也不放纵欲望。我们要让自己更加清醒。愿你能在欲望中获得快乐，也能在放下中获得从容。我们不是要盲目追逐让人眼花缭乱的欲望，而是要成为更好的自己。

在面对痛苦时，我们要学会放下，但是有时我们又放不下。所有的一切不是为了别人，而是为了你自己，为了你的快乐和幸福，为了你的今天和明天。试想一下，如果没有了自己，即便你得到了一切，那又有什么意义呢？

所以，为了自己，请学会放下。

3

第三部分

完整的自我
与狭义的自我

我的身份

你认识自己吗？"我"又是谁呢？

这一部分我们将会深入心灵，去探索一下自己。在第一部分中，我们知道了认知信念和需求对情绪的影响，同时了解到情绪只是我们的警报器，它不仅不是我们的敌人，反而是我们很好的朋友。在第二部分中，我们了解了人们容易出现的一些错误的认知，以及它们对人的影响。当你了解了这些以后，你就会发现，你的内心可能会开始松动，你与负面情绪、认知和信念之间好像产生了些许的距离，它们不再那么频繁地影响你了，你能更加坦然地面对自己的情绪了，你不再那么情绪化和执着了，思维也更加清晰了，这是为什么呢？

当你知道了这些，了解了在暗处影响你的习性和认知的情绪时，你就自然能分辨它们了。这时你就能够把自己和情绪分开，把自己和那些影响你的习性和认知分开，你就能够以一个旁观者的身份去观察自己了。当你能够从固有的习性和认知所激发的情绪中抽离出来时，你就已经不再属于它了，你开始找回真正的自己了。

那真正的自己到底是谁呢？若要找到真正的自己，要先来看一下哪些是虚假的自己。

在你还没有充分认识自己的时候，你潜意识中的每一个认知信念，都会被你当成自己，它们都会成为你的一个身份。比如，你觉得自己表达能力差，那么"表达能力差"这个认知信念就是你的一个身份。同样，假如你觉得自己脾气不好，那么"脾气不好"这个认知信念也是你的一个身份。如果你认同它们，你就会成为它们，你就会受它们的制约。它们痛苦时你就痛苦，它们自责时你就自责，它们抱怨时你就抱怨，它们愤怒时你就愤怒……

除了认知信念上的身份，我们还有很多身份，比如标签的身份。你觉得自己是一个动手能力强的人，这个标签是你的一个身份；你觉得自己是一个不受欢迎的人，这个标签是你的一个身份；你觉得自己是一个内向的人，这个标签是你的一个身份，等等。每一个标签，都是你的一个身份，只要你认同它们，你就会成为它们，被它们所掌控。

当然，不仅头脑中的认知信念、标签会成为我们的身份，我们还有很多身份。比如，你是爸爸（妈妈），你同时是儿子（女儿），是丈夫（妻子），是职员，是创业者，等等。当你违反交通法规的时候，你成为一个违法者；当你生病的时候，你成为一个病人；当你读这本书的时候，你又会成为一个读者……所以我们有着非常多的身份，爸爸的身份会给你带来很多情绪和问题，儿子的身份也会给你带来很多情绪和问题，任何一种身份都会给你带来很多情绪和问题，只要你过度地关注和认同它们，你就会彻底成为它们，而忘记其他身份，忘记其他责任，忘记真正的自己。

这些貌似都是你的身份，但它们都不是你而只是瞬间的你，只是某一个时间节点的你。它们是单一的你，并非完整的你。它们非常小，就如大海中的一滴水，你觉得大海中的一滴水可以代表大海吗？你觉得大海中的一只虾可以代表大海吗？不可以，大海可以包含它们，但是单独的它们不可以代表大海。所以，情绪不是你，认知信念不是你，标签不是你，你的念头、所思所想都不是你，它们都不能代表你，那你究竟是谁呢？

打个比方，以地球为例，从宏观角度看，地球由外部结构和内部结构构成。地球内部结构由地核、地幔、地壳所构成，地球外部结构由大气圈、水圈、生物圈和岩石圈所构成。就单单一个生物圈来说，据统计，地球曾存在过约50亿种物种，现今存活的物种为1200万至1400万，能够证实的大约120万，这还只是生物的种类。目前地球上存在的生物不计其数，每个生物身上都有难以估算的细胞和细菌。可以看出，地球这个生命体如此神奇、复杂。但是，你能说地球外部结构中的生物圈中的一只青蛙代表地球吗？很明显不能，这其中的任何一个东西都不能代表地球。地球是一个整体，它无比庞大和复杂，它是无数元素的组合，它是多维的、多元化的，它不是单一的，它是一个完整的、全面的整体。假如地球和人一样，是有意识的，如果它觉得青蛙就是它自己，它的眼光只局限在青蛙身上，那么青蛙生病，它就会觉得自己生病，青蛙恐惧，它就会恐惧，青蛙饥饿，它就会饥饿，等到青蛙死亡的那一天，它就会误以为自己也将死亡，它就会非常痛苦。所以，你不觉得这很可笑吗，青蛙连地球身上的九牛一毛都算不上，只因为地球把青蛙当成了自己，地球就失去了全局的眼光，变得狭隘，误把青蛙这个身份当成了自己的身份。于是，地球失去了真正的自己，失去了完整的、全面的自己，转而认同了青蛙这个身份。青蛙死了，地球也死了。

　　再来看人类，从宏观角度看，人是由身体和精神所组成的。人体的基本结构是细胞，根据科学家粗略估计，人体由40万亿~60万亿细胞构成，人体细胞又有200多种。从微观角度看，人由碳、氢、氧、氮、磷、硫、钠、钾、钙等元素组成，也可以说身体由水、蛋白质、脂肪、碳水化合物等组成。从宏观的角度看，人由骨骼、肌肉、脂肪、血液、皮肤、毛发等组成。人的意识主要集中在大脑，按生物学的解释，人的大脑、小脑、丘脑、下丘脑、基底核等，将视觉、听觉、触觉、嗅觉、味觉等各种感觉信息，经脑神经元逐级传递分析为样本，由丘脑合成为丘觉，并运送至大脑联络区，令大脑产生觉知，即人的意识。基于意识，我们会产生无数念头，只要我们认同它们，每种念头都可以是我们的一个身份。如果你忘记了真正的、完整的自己，转而认同了某种念头，你就会误以为它们就是自己，你就会像上面那个地球一样，认为自己就是那个青蛙，青蛙死了，地球也就死了。你的念头恐惧，你就以为自己恐惧；你的念头痛苦，你就以为自己痛苦；你的念头破灭了，你就认为自己的人生到此结束了。例如，你很喜欢一个人，你拼命地去追求她，认同了"她就是唯一"这个念头，那么有一天她跟别人在一起了，你就会认为天塌了。

地球失去了整体意识，就像人对自己失去了整体意识。每个人都是一个复杂多元的生命体，人体拥有各种组织、器官，包含数十亿个细胞。人的大脑也包含各种思想和信念，包含各种念头和情绪。但如果我们过分放大某个情绪、某个信念、某个思想，我们就会失去整体意识，我们就会偏执，总认为某个念头、某个想法、某个标签就是我们自己。我们会去认同它，从而失去自我，这就会让它反过来影响和控制我们。它高兴我们就高兴，它伤心我们就伤心，它焦虑我们就焦虑，它抑郁我们就抑郁。但是，我们怎么会伤心呢？我们怎么会焦虑呢？我们就像地球一样，包罗万象、纷繁复杂；我们就像宇宙一样，空灵寂静，承载着无数的物质，以及无数的念头和情绪。所有这些，只不过是生命体中的一粒尘埃。

人之所以痛苦，就是因为沉浸到了这些身份之中，被身份所影响和操控。身份痛苦你就痛苦，身份烦恼你就烦恼，身份如何你就如何。但是我们并不只有一个身份，我们是复杂的生命体，我们心中有"大海"，它广阔无垠，存储着我们的各种身份，这些身份组成了意识中的自己，组成了完整的我们。它们就如水中的无数气泡，吹起而又随之破灭；犹如大海中的一朵朵浪花，激起涟漪，而又很快消失。我们可以容纳所有的身份，但是这些身份中的某一个身份并不能代表我们自己，它们只是生命中的一粒小小的尘埃而已，只是我们无数身份中的一个而已。所以你要把自己的心量扩大，你要能够意识到自己是复杂的生命体，你要让自己站得更高，看得更远。如此你就可以掌控这些身份，你就没有了烦恼，不被它们所掌控。

我们有各种各样的信念，有各种认知和想法，有各种情绪和感受，有各种欲望和需求，它们都是我们的某一种身份，它们无法代表我们自己。真实的我们是所有这些东西的合集，我们像广阔无垠的大海，它们是我们心海中无数短暂的生命。我们是谁？我们就是一个完整的整体，就是这个无边无际的空间，就是这个复杂而又多元的生命体。我们要站在它们之上，纵观全局，看着它们一个个冒出来，又一个个沉入无边无际又无底的心海里。

所以我们要扩充认知，开阔眼界。这样，你的心量也会随之扩大，你就可以容纳一切。当然，这不仅仅是一个口号，你要真正理解这里面的道理。让我们陷入痛苦的身份，我们可以放下它；让我们快乐的身份，我们可以认同它。我们既能体验每个身份给我们带来的快乐，又能在危急时抽离出来，获得内心的宁静。

除了认知信念、标签和角色的身份，我们还有习性和感受的身份。下面着重讲一下生活中比较常见的身份，方便你以后识别它们。你要记得，脱离整体的身份，都是虚假的身份。

情绪的身份

我们首先要说的就是"情绪的身份"。情绪的身份有很多，我们一不小心就会陷入其中，比如恐惧、焦虑、紧张、愤怒、抑郁、悲伤、委屈、嫉妒、自卑等。一旦这些情绪来了，我们就会自然地认为是"我"有情绪了。其实不是你有情绪了，而是你的某个认知信念或某些念头有情绪了，是你头脑中的这些微小的尘埃有情绪了。情绪只是一个警报器而已，重要的是背后的那些认知信念。

情绪并不是你，它只是你的整个生命中非常微小的一部分而已，只是生命长河中的某个瞬间而已，只是你的某些认知信念激起的能量而已。它不会永久存在，它会很快消失。它并不能代表完整的你，不能代表你的整个生命。如果你没有这种眼光和格局，你就无法抽离出来，你会无意识地认同它。一旦你认同情绪这个身份，你就会成为它，陷入情绪之中，被它所操控，被它所吞噬。所以人在情绪化行事后，往往会追悔莫及，因为当我们认同情绪的时候，我们就会跟随情绪行事。此时你并非站在整个生命之上高瞻远瞩，而是管中窥豹。你会忘记本来那个完整的自己，转而听令于某个念头，这就往往会导致你如丧尸一般，被情绪附体，从而产生过激行为。

我们要接受情绪的多样性和完整性，只要你是一个正常的人，你就一定会拥有各种情绪。把人看成大海，把情绪看成大海的波浪，大海不可能一直风平浪静，也不可能一直波涛汹涌，风浪也不可能充满整个海洋。大海中某些小小的区域或许正在经历狂风暴雨，而另外一些区域则风平浪静，其他区域又有一些鱼儿正在欢快地跳跃，激起一朵朵浪花……这就是情绪的多样性和完整性。在完整的生命中，充满着各种各样的情绪，这很正常，我们要接纳情绪的完整性和多样性，要接纳这一个个小小的波浪，心理才会健康。否则，极致地追求平静，极致地追求快乐，一定会让你失去完整的自己，最终导致痛苦。

有情绪很正常，你不用排斥情绪，情绪的存在一定有着它的原因，它是你的警报器，是你最忠实的伙伴。你要做的不是排斥它，而是承认和接纳它。就如同医生给病人诊断一样，医生需要对病人望闻问切，你也要像医生一样关注和审视自己的情绪，以便及时发现问题。

曾经有个朋友咨询我，说他平时还好，一旦在人多的场合讲话就会心跳加速，身体抖得厉害。由于工作原因他经常要面对公众演讲，所以他想克服紧张的情绪。我们去分析这里面的原因，像大多数人一样，当他说"我"很紧张的时候，很明显他就是认同了"紧张"这个身份。他觉得紧张就是他，他就是紧张，而后和紧张纠缠打斗，最后导致心量越来越小，所有的注意力都集中在紧张上，自然就更加紧张了。这其实也是大多数人的习惯。但是，事实是紧张的并不是他，他怎么会紧张呢？是他情绪背后的认知信念紧张，是他内心的大海里某个鱼儿（念头）跳出了水面，激起了涟漪而已，他要找到情绪背后的东西。他或许有过演讲失败的经历，让他不相信自己可以成功演讲；又或许他太渴望表现完美，不想出丑被别人取笑；他过于渴望被尊重和认可……这些念头、欲望和认知信念产生了紧张的情绪，让他身体产生抖动的应激反应。他需要做的不是对抗这些情绪，也不是消除这些念头、欲望和认知信念，而是接纳这些情绪，接纳这些念头、欲望和认知信念，让自己站在更高处，俯视这些在心海里活蹦乱跳的鱼儿和激起的浪花，给它们一个更广阔的空间，容纳它们，再去纠正那些偏激的信念，让受惊的鱼儿得到安抚，冷静下来。最后，多去练习公众演讲就可以了。

这就是情绪的身份，它往往来自念头、欲望和认知信念，它是我们最忠实的朋友，是人生问题的警报器，是心海里转瞬即逝的浪花。但是，它并不是我们自己，你自己就像这个宇宙，宇宙是广阔的，包含了无数的星球，无数的生命，无数的元素。某些小行星的碰撞，怎么能说是宇宙的碰撞呢？

信念的身份

什么是信念的身份呢？我们先看什么是信念，简单来说信念就是我们对人、事、物的判断、观点和看法，并且坚信不疑，是我们坚信的一种观念、理念或理论。所以信念的身份就是我们各种观念、理念或理论的身份。

比如，男人就该坚强，女人就要温柔，说到就一定要做到，孩子必须听话，地球是圆的，纹身的都不是好人，穷人都是善良的，世界上没有好人，所有人都是自私自利的，爱笑的人运气不会差……所有的这些观念都可以叫作信念，只要我们认同它们，它们就会成为我们的身份，即信念的身份。

你会发现，上面的一些信念太过绝对，出现了明显的错误。如果信念出现谬误，与现实世界存在偏差，人的内心就会和外界产生冲突，就会痛苦。信念来自认知，认知来自我们的经历。在我们的成长过程当中，所看到的、听到的、遇到的一切事情，通过感觉、记忆、想象、思维等形成概念、知觉、判断，从而形成了我们自己的认知信念。所以原生家庭、成长环境、教育经历对我们会成为一个什么样的人起着至关重要的作用，对我们今后的人生也起着至关重要的作用。

比如，一个曾经遭受过伤害的人，他的潜意识往往会形成一些固有的偏执的信念：周围的人都是不可信任的，都是虚情假意的，他们早晚会伤害和背叛自己，只有把自己隐藏起来，戴上厚厚的面具，不去付出感情，不去与他们深入交往，不主动暴露自己，才是安全的。这些都是他的信念，但是如果他认同了这些固有的信念，按照这些信念行事，他就会更加痛苦，他会无法融入社会，无法正常工作，无法组建家庭。他的内心没有安全感，会非常孤独。他无法进入亲密关系，他的人生路途将会非常艰难。他的这些信念最终会成为禁锢自己的牢笼，把他囚禁在人迹罕至的荒漠里，那里充满着凄凉、寒冷。如果他能够把自己和这个信念分开，认识到完整的、真正的自己，他就能够摆脱信念的奴役，重新做回自己，站在更高处高瞻远瞩、纵观全局，从而重新修订自己的信念，改写自己的人生。

再如，有的朋友认为这个世界不应该有痛苦，只应该有幸福，这是非常理想化的信念。如果他认同了这个信念，这个信念就会成为他自己，成为他的一个身份，时不时地蹦出来影响他的情绪和行为，他就会成为这个信念的傀儡。当这个身份来到现实世界并产生冲突时，信念偏执，他就偏执；信念纠结，他就纠结；信念不客观，他就不客观；信念求而不得，他就求而不得；信念痛苦，他就痛苦。

　　人有信念很正常，这些潜在的信念在暗处影响着情绪和行为，有着诸多好处。正确的、客观的信念可以很好地指导日常行为，让我们振奋精神、克服困难，让我们坚定自己、坚持不懈，让我们对人、事、物的认知更加准确，内心更加坚定，做事更有效率。但当信念错误时，我们就会痛苦，这时我们就要通过自己的情绪和行为，反过来去观察我们的信念，及时地去修正它。但是，修正它的前提是，你需要脱离信念这个身份。如果你一直沉浸在信念之中，认同了信念这个身份，信念就会成为你，你就会把自己局限在信念之中，就像地球认为自己是青蛙，它的视野就会变成青蛙的视野，把自己的眼界拉到同青蛙一样。同理，当我们认为信念就是我们自己时，我们就会受到信念的制约，视野会由原来无限宽广的空间，瞬间缩小到芝麻粒大小的空间上。因为某一个观点的不同，我们就会和周围的亲朋好友争得面红耳赤，变得心胸狭隘、斤斤计较。其实并不是我们心胸狭隘，而是我们盲目地认同了信念的身份，导致失去了无限宽广的自己，心量缩小，从而变得心胸狭隘。当我们失去了完整的真正的自己，认同了信念的身份时，信念受到挑战，我们便受到挑战；信念偏执，我们就偏执；信念生气，我们就生气，于是我们陷入信念的身份里无法自拔。

　　每个人的信念都会有所不同，所以，与别人在认知上有冲突很正常，就怕我们把自己局限在信念这个身份之中，成为它的傀儡，跟随着它走向偏执和极端。如果我们能够意识到那个真正的、完整的自己，脱离信念的身份，我们的心量就会无限扩大，最终找回完整的、真正的自己。我们就可以包容不同的认知，容纳别人的信念，和别人交换意见，打开视野，在冲突和矛盾中获得心智的成长。

在我们的头脑中还有着各种各样的信念，它们就像大海中的鱼。但是，它们并不是你，而只是你生命中的一个认知而已。

标签的身份

标签的身份类似于信念的身份，因为你头脑中的标签本身就是一种信念。这个标签有针对人、事、物的，有针对各种具体的行为或现象的，也有针对各种抽象观点和概念的。

比如，我是一个弱者，我是一个强者，我是一个可爱的人，我是一个不受欢迎的人，我是一个内向的人，我是一个外向的人，我是一个不幸的人，我是一个幸运的人……这些都是针对自己的标签；他是一个坏人，他是一个好人，他是一个动手能力很强的人，他是一个脾气不好的人，他是一个懦弱的人，他是一个自卑的人……这些都是针对别人的标签；这是一只黏人的猫，这是一个不好的产品，这是一首难听的歌曲，这是一家有信誉的公司，这是一个伟大的民族，这是一栋漂亮的房子……这些是针对各种事物的标签；这是一种邪恶的行为，这是一种尴尬的举动，这是一种不好的情绪，这是一件丢人的事情，这是一种恶毒的语言……这些是针对各种具体行为或现象的标签；这是一种糟糕的想法，这是一个不错的办法，这是一个伟大的思想，这是一个不错的点子……这些是针对各种抽象观点和概念的标签。

标签无处不在，我们无意识中就会给人、事、物，给行为举动，给思想、概念及想法等贴上各种各样的标签，这些标签有利有弊。标签储存在你的头脑中，可以大大提高日常生活效率。比如，当我们面对一个熟人时，我们不用每次见到他都重新全面地分析他，再决定自己怎么和他相处，因为我们的头脑中已经有了一些固定的标签：他是内向的人，脾气不太好的人，比较敏感的人，有想法的人，有诚信的人，善良的人。这些标签让我们知道了他是一个什么样的人，我们就有了和他稳定相处的方式。

虽然标签能提高日常生活效率，但它同样也会干扰我们的判断。人、事、物并不是一成不变的，都会有突发情况，那么，固定的标签就很容易导致我们对外界失去正确的、客观的判断，导致盲目的行为。比如，传销的骗术，不管是传统的传销还是新型的传销，大多通过"拉人头"的方式非法获取财富，利用的是熟人之间的信任和对财富的渴望。有些人之所以上当，是因为对于熟人盲目信任，认为熟人不会欺骗他，他心中有个固定的标签——"对方是一个可靠的人"。也许对方以前确实可靠，但是今天未必。遇到一个有意欺骗他的人，同时他又有想挣大钱的欲望，他就误入了圈套。如果他能有全面的自我意识，而不陷入标签的身份中，他就可以客观冷静地分析事情的原理，就不会这么容易上当受骗了。

有时我们会早早地给事情贴上或好或坏的标签，但是事情并没有绝对的好坏之分，它完全取决于我们趋利避害的思维。如果你简单粗暴地给某件事情贴上坏的标签，那么你就会非常排斥这件事情。你除了收获一堆负面情绪，什么也得不到，更无法从中吸取宝贵的经验。"祸兮，福之所倚，福兮，祸之所伏"，是福是祸还不一定呢，过早地给某件事情贴上了标签，就容易导致我们无法从绝望中看到希望，丧失大好机会。但我们总是习惯贴标签，不过我们不能陷入标签中，当遇到事情的时候，我们要随时从标签这个身份中抽离出来，以更加全面的眼光看待这一切，由此才能拥有大海般的胸怀。

我们对一个人形成刻板印象的同时，头脑中就形成了固定的标签，如果不能摆脱这个标签的身份，你就会受其所困。比如，在你的同学或同事中往往有几个你觉得不顺眼的人，要么是因为他的长相气质，要么是因为他的行为举止，总之他让你形成了不好的印象。于是你开始给他贴标签：他是一个猥琐的人，一个坏人，一个小人。这个时候我们往往就会深陷标签的身份之中，失去客观的眼光。我们变得狭隘，失去了包容；我们拥有了偏见，失去了客观和完整；我们只看到他人的缺点，看不到他人的优点。

标签往往也会阻碍个人的成长与发展。人最重要的一种能力是学习的能力，我们可以通过自己的努力和锻炼不断地成长。但如果我们受困于自己标签的身份，就犹如在头上戴了一个紧箍咒，导致我们无法看到标签以外的部分。比如，有些孩子不愿意学习，但是又不想辜负家长，所以他选择装模作样，那些学习好的孩子什么样，他就伪装成什么样。他貌似在好好学习，整日抱着书本，也不到处乱跑，实则身在曹营心在汉，表面功夫都做到了，但根本学不进去，学习成绩自然不好。父母和老师又疏于关心，不了解孩子的真实状况，当看到成绩时，他们就盲目地给孩子贴上了一个智商低的标签。早期，孩子会感觉这是对自己有利的，因为他可以心安理得地面对差成绩，因为不是自己不努力，而是自己智商低。但是随着年龄的增加，这个标签就会成为一种诅咒，会阻碍他的发展。当他将来再想突破的时候，标签就会告诉他："你不行，你智商低。"于是他什么都不敢做，什么都做不好。如果他能意识到标签并不是他自己，只是他生命中的一个小小的节点而已，他就能摆脱这个"智商低"的标签身份，慢慢地找到自己擅长的东西，成为最好的自己。可惜在现实生活中，很多人都活在标签的身份中，失去了完整的、真正的自己。就像大海活成了海里的一条鱼，一个人活成了生命中的一个小小的标签。

标签很容易禁锢我们，有些标签是我们自己贴上的，有些标签是被别人贴上的。只有我们深刻地认识到"标签是标签，我是我"，我们才有可能突破自我，从而发挥最大的潜能，成为真正的、完整的自己。

角色的身份

我们在生活中往往有着多重角色，每一个角色又有着它自己的责任，每一个角色也都有着它自己的故事。

以男人为例，随着年龄的增加，他的角色会越来越多。在幼年时期，他可能是儿子的角色、孙子的角色，慢慢地长大后，他又有了哥哥的角色，再大些他又有了小学生的角色，很快他可能有班干部的角色，同时又是某个人好朋友的角色。当他被人欺负时，他成为受害者的角色；当他欺负别人时，他又成了坏孩子的角色。再后来他会拥有初中生的角色、高中生的角色、大学生的角色。当开始谈恋爱之后，他又有了男朋友的角色。当参加工作后，他又有了员工的角色，他可能是设计师的角色，客服的角色，管理者的角色。结婚后，他有了老公的角色，生孩子后，他有了爸爸的角色……我们这一生可以说有数不完的角色，每个角色都有每个角色的责任，每个角色都有每个角色的经历，每个角色都像演电影一样，有着它自己的故事。当角色经历一些事情的时候，我们往往会陷入其中，角色的身份便暂时地代表了我们真正的、完整的自己。我们会成为角色本身，时而失魂落魄，时而笑逐颜开，时而悲痛欲绝，时而幸福满满，这就是角色的身份。

某个角色的身份并不是完整的、真正的自己，我们还有各种数不清的角色，每个角色又都需要我们负责，没有人会替我们承担角色的责任。我们既要能随时投入某个角色，又要能随时抽离某个角色，回归完整的、真正的自己。我们就像一个宽广无限的宇宙，每个角色都是宇宙内部的一个星球，每个星球都不能代表我们这个宇宙，但是作为宇宙的我们，要能管理每一个出问题的星球。

如果我们不能意识到自己的角色，我们就很难进入角色，不能对角色应该做的事情尽心尽责，生活就容易出现问题。比如，当一个男人结婚后，他会有一个丈夫的角色，如果他不能尽快地进入角色，他还是会和单身时一样，整日和朋友一起玩，不去关心妻子，不去照顾家庭，成为一个失职的、不负责任的丈夫，与妻子之间的感情就容易出现问题。没有人为家庭负责，家庭也就容易破碎。最后夫妻感情问题和家庭危机会反噬他自己，让他陷入绝望和痛苦。这就是因为他没有进入角色，没能担起丈夫这个角色，没能担负起一家之主这个角色。

如果我们陷入角色太深，无法抽离，就会失去完整的、真正的自己，变得狭隘、偏执。比如，上面那个没有进入丈夫角色的男人，妻子要和他离婚，家庭陷入危机，这时他反而会把精力集中在丈夫这个角色上，这是问题本身把他带入了丈夫这个角色。但如果他不能随时抽离这个"受伤丈夫"的角色，他就只会通过这个"受伤丈夫"的角色去看世界，他就会怨天尤人，抱怨妻子，抱怨父母，抱怨孩子，抱怨命运的不公，又或者一味地自责，每天酗酒度日。同时，无法抽离"受伤丈夫"的角色，他也就不能进入自己的其他角色干该干的事情，比如，他无心当好一个员工，无心当好一个爸爸等，很容易出现问题。

这时他就需要抽离这个"受伤丈夫"的角色，以全局的眼光去看待出现的问题，而不是跟随着这个身份变得情绪化。我们要像电工检修电路一样，而不是把自己当成这个出问题的电路本身。要想修理电路，就需要有上帝视角的电工；要想修整自己这个角色，就需要找到真正的、完整的你。当你回归了真正的、完整的自己时，你就会摆脱这个角色的情绪和有限的视角，能够客观冷静地看待问题，彻底地解决问题。

除了人类社会中各类角色的身份，还有一种角色的身份是我们不易察觉的。在这个自然生态系统中，人类有着自己的职责和使命，就像体内的细胞对于人体，每种细胞都有着它们自己的责任和使命。如果人类不能意识到自己在这个生态系统中的责任，不能进入角色，我们就会像那个失责的丈夫，开始大肆破坏地球环境，破坏这个生态系统，最终承受苦难的一定是我们自己。如果视角再扩大到宇宙，我们作为宇宙中的生物，在这个浩瀚的宇宙中，我们也有着更大的责任和使命。

但无论如何，单独的角色并不能代表你，因为这个角色并不是真正的你，不是完整的你，它们只是沧海一粟，只是生命大海里的一条鲸鱼、一只海龟、一艘船等。而你是一个完整的包罗万象的生命体。

角色的身份是我们最难以抽离的一种身份，它不像其他角色那样，它有跌宕起伏的剧情，其中充满着爱恨情仇。

欲望的身份

我们很容易把欲望当成自己，无意间就认同了欲望这个身份。

欲望的核心，都是为了我们自己，为了满足自己的需求。美国著名心理学家亚伯拉罕·马斯洛提出过需求层次理论，从低层次到高层次依次为：

生理的需求（指维持人们体内的生理平衡的需求，如对水、无机盐的需求，对温暖的需求，对两性生活的需求等）；

安全的需求（指渴望生活在有一定安全感的环境里，或者生活中有一种力量能够保护他，需要所处的环境中没有混乱、恐吓等不安全因素）；

归属和爱的需求（希望和人保持友谊，希望得到信任和爱，渴望有所归属，成为群体内的一员）；

尊重的需求（包括自尊、自重和被人尊重的需求，具体表现为希望获得实力、成就、独立，希望得到他人的赏识和高度评价）；

自我实现的需求（指个体的各种才能和潜能在适宜的社会环境中得以充分发挥的需求，实现个人理想和抱负的渴望，个体对追求最高成就的人格倾向性，是人的最高层次的需求）。

这些需求正是我们的各种欲望，归根结底在于生存的欲望，保存生命体的欲望，感受到存在感的欲望，由此滋生出了千千万万的欲望。

一谈到欲望，大多数人都会避之唯恐不及，好像欲望是多么肮脏不堪的东西。以饥饿为例，当感到饥饿的时候，我们会渴望食物，这是最基础的生理需求，也是一种求生的欲望。从感觉到饿，到吃到食物，这里面有一个关键性的东西——食欲。当我们有了饥饿感时，我们还要对食物有欲望才可以，如此当看到喜爱的食物时，我们才会流口水，产生想吃的冲动。否则当食欲不振的时候，我们进食的欲望就会降低，这就预示着我们的身体可能出现了问题。所以欲望并不是坏事情，正常的欲望消失，才应该引起注意。

但是，欲望有利有弊，重要的是要随时意识到自己的欲望，以便合理地运用欲望。想要意识到欲望，我们就要超越欲望。当我们身处欲望之中，认同欲望这个身份的时候，我们就绝无超越欲望的可能，更不可能与欲望和平共处。要想超越欲望，我们首先要问问，欲望到底是我们自己吗？先不要着急回答，可以先闭上眼睛在心里默想几分钟。

这些欲望当然不是我们自己，但我们确实拥有这些欲望。也就是说欲望属于我们，但欲望并不能代表完整的、真正的我们。就像一个人拥有很多房子和车子，我们可以透过他所拥有的这些东西看到他的需求，但是所购买的某一栋房子或某一辆车子并不能代表他这个人，它们只是属于他而已。

我们以人类这个整体举例，所有人聚集在一起叫作人类社会，但是其中某个人或某个团体并不能代表整个人类社会。假设人类社会这个整体和每个人一样，也是有思想和意识的。人类这个整体，同样也会有自己的核心需求，它要生存下去，它要发展，它要维护自己的生存空间。如果它不能站在人类整体的立场上去思考，而是盲目地认同了人类社会中某一个人的身份，那么这个人就会掌控整个人类的意识，人类就会失去全局的眼光，陷入无意识的状态中，陷入危机。这个人的欲望就会成为整个人类的欲望，这个人对欲望偏执，整个人类就会偏执；这个人失控，整个人类就会失控；这个人欲壑难填，整个人类就会欲壑难填。此时的人类看不到整体，沦为提线木偶，导致恶性发展。人类会大肆破坏自己赖以生存的自然环境，甚至自我戕害，最终走向灭亡。所以如果整个人类的意识被一个鼠目寸光、充满个人私欲的人所掌控，那将是非常危险的；但如果能被一个站在人类整体的立场上思考、有着长远发展眼光的人所掌握，那相对来说就是安全的。

放在我们个人身上也一样，如果我们认同了某一个欲望的身份，我们就会成为它，失去自我，成为提线木偶，被不合理的欲望所支配。这时我们就要深刻地认识到某个欲望并不是你，你要拥有上帝视角，随时找到完整的、真正的自己，而不是被某个欲望所奴役，导致失控。

说到欲望，就不得不谈到人类最核心最基础的欲望——求生的欲望。我们每个人最终都不得不面对一个终极问题：死亡。在面对死亡时，求生的欲望是我们自己吗？某一个欲望不是我们自己，它只是属于我们，包括求生的欲望，它也不能代表完整的、真正的自己，它只不过是我们的一个欲望而已。但是，面对肉身的死亡，那个死去的生命体是我们自己吗？

以我们自己的视角来看，它是我们自己，这意味着整个生命体的死亡。我们的求生欲望破灭了，我们的生存欲望被剥夺了，我们最基本的需求丧失了，我们最恐惧的就是死亡。不仅人类，所有有意识的生物都是如此，死亡是最难被接受的。

我们还是以饥饿为例，去探索死亡的秘密。饥饿是一种感觉，当你感觉饿时，你就会渴望食物。从整体来看是我们自己饿了，但具体来看其实是你的身体饿了，你的各个组织饿了，你的细胞需要营养了。虽然它们没有意识，但是它们和你是一个整体，它们出现问题，无法正常运转，就会导致整个生命体混乱，导致整个生命系统混乱。你会手抖、心慌、干呕、乏力、胃肠功能紊乱、无法集中注意力。如果不去吃些东西及时补充营养，我们就会面临死亡的危险，我们的各个器官就会衰竭，细胞也会相继死亡。所以整体来看是整个生命系统饿了，微观来看其实是组成身体的细胞饿了。当血液中某种必需的营养物质减少时，就会通过神经系统刺激一个器官——大脑，而后产生饥饿的感觉，但真正需要营养的是具体的细胞。

细胞是人体最基本的组成部分，它们按照一定的方式组成上皮组织、结缔组织、肌肉组织和神经组织。不同的组织形成一定的器官，如心、肺、肝、胃等；几个器官联合起来，又组成一个系统，如消化系统、神经系统等。各个系统彼此联系，互相制约，构成一个完整的机体，这就是人体的构造。在整个人体中，每分钟就有约一亿个细胞死亡，但是你能说某一个细胞死亡就是人体死亡吗？不能。

几十万亿的细胞组成了人体，细胞和我们的关系就犹如我们和整个大千世界的关系。细胞组成了人体，我们所有人组成了人类社会，人类与其他生物组成了生物圈，生物圈和大气圈、水圈、岩石圈等组成了地球，地球和其他星球组成了宇宙。我们属于这个大千世界，是这个宇宙中的一份子，就犹如细胞是人体的一份子。我们与其他东西组成了这个大千世界，组成了这个宇宙，我们彼此独立，又相互统一，属于一个系统。人体的细胞每天都在不断死亡，但细胞的死亡不代表人体的死亡，人体的死亡不代表大千世界的死亡，不代表宇宙的死亡。以人的视角来看，我们已经死了；以这个大千世界的视角来看，我们并没有死，死的不过是我们的肉身和精神而已，我们会以另一种形式出现在这个世界上，那就是宇宙本身。当你在晴朗的夜晚仰望星空的时候，你会看到令人心生敬畏的空间，它无限宽广，它可容纳一切。这时的你和宇宙合为一体，你放下所有，容纳一切。在这个境界中，你可以断除一切烦恼，你会放下一切。你承认也好，不承认也罢，早晚有一天，你我都要进入宇宙意识。

当我们进入宇宙意识的那一刻，也就是我们死亡的那一刻，我们会无比焦虑和痛苦，因为我们将要面对的是未知和恐惧。在求生的欲望破灭时，我们会感到痛苦，这很正常。我们有着宇宙视角，不代表我们就不畏惧死亡，畏惧死亡是本能的反应，不畏惧死亡，反而预示着我们某些功能的缺失。在生活当中，当我们的某些欲望破灭时，我们不必急于摆脱痛苦。痛苦是正常的，我们所经历的每次痛苦其实都是一次契机，都是一次锻炼的机会。

当你的某些欲望破灭的时候，你会感到愤怒和痛苦，这其实就是一种接近死亡的体验。比如，当你的观点被人否定的时候，你会感到愤怒，这时你的"自我"感受到了挑战，这是一种接近"自我死亡"的体验；当你被人忽视时，你会感到痛苦，因为你的归属和爱的需求没有得到满足，你的"自我"欲望破灭，这是一种接近"自我死亡"的体验；当你被他人用恶劣态度对待时，你会感到愤怒，因为你希望被尊重的需求没有得到满足，你的"自我"欲望受到挑战，这也是一种接近"自我死亡"的体验……

在《人间生死书》中作者伊丽莎白·库伯勒·罗斯把死亡的过程归纳

为五个情绪阶段，分别是：否认、愤怒、挣扎（讨价还价）、抑郁（沮丧绝望）和最终的接受。当我们躺在医院的病床上，接到自己即将死亡的噩耗时，我们会从否认、不接受到愤怒，到祈祷哀求，到无可奈何、抑郁，最后全然接纳。当然大多数人并不一定能够达到第五阶段，而往往是在前四种复杂的情绪中死去。但无论如何，被迫接纳也好，全然地主动接纳也好，我们终究逃不过死亡，我们从出生那一刻起就在走向死亡。

斯科特·派克把人的意识分为四个层次。

第一个是自我意识，能意识到自己的存在，并且知道自己和他人的存在不一样。

第二个是他人意识，表现为共情能力，能理解别人的感受，与之共鸣，并有合作精神。

第三个是组织意识，不仅意识到自己和他人的存在，也能意识到团体组织的存在，从全局视角来思考问题。

第四个是宇宙意识，把自我放在宇宙的层面来观察，内心接纳一切，达到"天人合一"的境界。

斯科特的宇宙意识就是一种超我的存在，一种宇宙的视角，一种"天人合一"的境界。

当我们还有肉体的时候，拥有宇宙意识会让我们更加清醒，更加豁达，更加坦然，在生活的同时超越生活本身。正如斯科特所说："自我意识让人痛苦，宇宙意识让人解脱。"但是，孤立的宇宙意识却是错误的，它会让我们的生命变为一种"虚无"。这时你虽然不会再感受到痛苦，但同样你不会再感受到幸福，对于生活你不再充满期待，这个时候你就可能进入了抑郁状态。

追求宇宙意识并不是为了消除自我意识，而是站在一定的高度，更加客观地了解自我和外界。如果在活着的时候企图通过消除"自我"来实现幸福，犹如因噎废食，是一种错误的行为，会让我们变得虚无。所以，我们在拥有宇宙意识的同时，还要知道我们究竟是谁。

如何知道我们是谁呢？人生的每一次痛苦都在让我们练习接纳，练习放下。痛苦将我们的幻想撕碎，让无数虚假的自我不断地死亡，直到剩下一个真实的自我。它可以让我们不断地追问并找到自己的边界：我是谁？当前作为人类，我的位置在哪里？我的责任和使命是什么？在一次次的痛苦经历中，你最终会看到那个真正的、完整的自己。

欲望不可怕，可怕的是没有掌控欲望的意识。如果我们的欲望是零散的、不受制约的，那我们的生命就是危险的，也是没有意义的。正如马斯洛的需求层次理论，在我们活着的时候，最终要实现自我，找到那个真正的自己，找到那个完整的自己。每个人都非常相似，但又有所不同，就如人体内的细胞既相似又不同，它们有着不同的分工，有着各自的职责。虽然它们的分工不同，但是从整体看它们却在围绕着一个目标运转——存活，既为了各自存活，也为了让我们这个生命体存活，细胞在身体内找到了使命。我们在人类社会中，在这个大千世界里也要找到自己的位置和使命，不偏离轨道，做真正的自己，才不至于迷失在这场充满欲望的人生旅途之中。

念头的身份

我们这里把念头定义为想法，也就是你头脑中突然冒出的各种想法。孙悟空一个跟头就能行十万八千里，人的一个念头可能就回到了十年前,又或者前往十年后,它在时间的隧道里任意穿梭。一旦陷入念头之中,我们就会被念头所牵制。念头痛苦,我们就痛苦;念头焦虑,我们就焦虑;念头恐惧,我们就恐惧;念头作恶,我们就作恶……这就是念头的威力,如果你降服不了它,它就会成为魔猴,大闹天宫,让你心神不宁。

当然,并不是所有的念头都是坏的,好的念头我们往往称它为灵感,坏的念头我们习惯称它为杂念。灵感是对我们有用的念头,杂念是无用且会对我们产生干扰的念头。在我们的生活和工作中,难免会遇到一些阻碍。在你陷入绝境时,你可能有过灵光一闪的经历,此时问题迎刃而解,这就是灵感。灵感往往会带给我们非常宝贵的启发。但是,如果你的念头不是灵感,而是杂念,那生生不息的念头,反而会让本就不顺的生活雪上加霜,就像本就缠绕在一起的线团,在胡乱地操作之后,又增加了许多疙瘩。

好的念头是灵感,会帮助我们走出迷雾,让我们喜悦、豁然开朗;坏的念头是杂念,会干扰、伤害我们,让我们陷入痛苦。它们分别让我们产生不同的情绪和感受,这也是我们分辨它们最好的方式。

比如,我们饿了,我们会产生吃东西的念头,而后我们会想吃什么,去哪吃,进行对比。就在发愁的时候,突然灵光一闪,我们想起来应该去吃什么,这就是灵感,这个念头就是有益的。但是有时我们的念头并不会轻易熄灭,因为刚刚"吃"的念头,我们可能会继续想到某次吃饭的经历,甚至想到十年前某次吃饭时和朋友闹不愉快的经历。我们便开始数落那个朋友,想到种种不好的经历。此时的你,由原来的饿,到想吃什么,再到想到那个朋友,咬牙切齿,心跳加速,开始紧张焦虑。你看,无数个念头袭来了,这就是因饥饿生发出来了吃的念头,而后一发不可收拾。这里面唯一对我们有益处的就是灵光一闪后决定吃什么的念头。当我们决定好吃什么时,我们只需计划好在什么时间去吃,去哪吃,和谁去吃就可以了，其他的念头都是无益的杂念。但由于我们没有意识到这些杂念的产生，我们像坐在电视机前的观众，被剧情深深地吸引，一会儿哭，一会儿笑，念头占据了我们的思维。念头一会儿把我们带到未来，一会儿又把我们带到过去，像坐过山车，让我们的情绪跌宕起伏，我们的躯体也会跟着出现应激反应，这些就是没有必要的念头。

念头不可避免，每个人每天都会有各种各样的念头，这很正常。我们要分辨念头的好坏，不去认同坏念头的身份。同时，对于坏的念头，我们不仅要容纳它，也要去探索它背后的东西，就像孙悟空的火眼金睛，可以洞察念头背后的因素。由此，我们才可以很好地摆脱念头的影响。

上面那个例子是因为饥饿感的刺激，生发出来的念头。但是，有时念头会凭空而来，不需要刺激就可以自动地生发，不一定什么时候就会出现。比如，当你玩得开心的时候，突然之间，你可能会想到一个曾经伤害过你的人，想到一个可怕的场景，愤怒、恐惧、痛苦的情绪立马涌上心头。随着这个念头的产生，你产生许许多多的念头，你开始想该怎么报复他，为什么当时自己这么笨，为什么没能保护好自己，一会儿恨他，一会儿又恨自己，一个接一个的念头也就产生了。这是突然蹦出来的念头，没有任何缘由，为什么呢？念头到底是怎么来的呢？

念头有时是因外界刺激而来的，有时又会凭空而来。念头只是现象，就像树木的枝叶在地表，而在我们看不到的地下，有着它的根系，这个根系一直驻扎在我们的内心，它会不断地冒出各种念头，就像野草一样，生生不息。只要根系还在，在任何情景、任何时间之下，都可能会冒出念头。承载这个根系的是什么呢？是我们大脑中的潜意识，其承载着过往的经历、感受、认知信念、欲望需求、基因本能，以及那些刻骨铭心的身体和精神上的各种体验，这些就是冒出念头的根系。

所以，无论是受外界刺激而来的念头，还是凭空而来的念头，都不是无缘无故产生的。这就犹如两个一模一样的气球，当它们被吹起来后落到了地上，其中一个气球被人不小心踩爆，另一个气球也无缘无故地自己爆掉。前者看上去是因外界刺激而爆掉的，后者看上去是无缘由自己爆掉的，但这些其实都是因为气球内部充满了气体，有了爆掉的基础。后者虽然没有受到刺激，但是也爆掉了，其实是因充气太多超过了它承受的限度。这就像那些凭空而来的念头，它并不是无缘由而来的，你内心的情绪积压太久，当你难以承受时，它就会时不时地出来撒撒气。

我们的梦境，就很好地体现了这种无缘由的念头。我们总会做些似是而非的梦。弗洛伊德认为梦是愿望的达成，做梦是因为现实中的一些需求没有得到满足，才会以梦的形式表现出来。不过梦与念头有所不同，梦更加隐晦，是一种伪装的欲望；而念头则更加直接，它会直截了当地出现在你的脑海中。比如，当我们看到了自己所厌恶的人时，我们可能会突然冒出一个念头：这个蠢货，真不想见到他。这时就产生了一个念头，念头非常直接，就是讨厌他，就是不想见到他。随后我们就会想起他过去的各种不是，哪怕这个人已经离开了，你可能还会继续想：天底下怎么会有这种混蛋，我以后该怎么办？要怎么回击他？是不是要躲着他？这就生出了好几个念头，你可能会跟随念头接着想：假如我惹不起他，我会处于什么境地，会多么难堪，多么气愤等。你看，念头一个接一个地冒出来了，但是都是比较直接的想法。而你做的梦就要隐晦许多，你或许会梦到自己踩到了大粪，无论怎么跑都踩在大粪上，你的周边全是大粪，你浑身上下也全是大粪，最后把自己惊醒。这个大粪就相当于你讨厌的那个人，大粪带来的恶心，就相当于这个人身上让你讨厌的品质，你周边全是大粪，相当于你非常想摆脱这个人，可是这个人就是阴魂不散。

无论是因刺激而产生的念头，还是貌似无缘由的念头，背后都有一个根，只要我们找到这个根，并与这个根和解，容纳这个根，慢慢地这些坏的念头会随之减少。后文我会讲解如何去化解这些所谓的坏根，比如偏激的信念、错误的认知、失控的欲望等。

当产生这些不好的念头时，我们一定不要认同它们，我们首先要抽离出来，先把它们推开，离开它们，让它们自然地存在，然后试着去观察它们。念头突然产生，一定有它的原因，可能是你的某个需求一直被压抑而没有得到满足，或者你某一次的经历一直让你难以释怀。总之，你并没有处理好自己的情绪，没有解决问题，没有形成正确客观的认知，它们只是被隐藏在你的潜意识之中，让你不易觉察。所以在生活中它们会时不时地冒出来，表达自己的不满，企图控制你的思维，让你总想回到过去或前往未来去做些什么。当然，这明显是徒劳，我们既回不到过去，也到不了未来，我们只能存在于当下，所以我们就会痛苦。所以说，一旦产生不好的念头，你就要引起重视了。

当然，降服它的前提一定是先了解它、认识它，而后才能容纳它、改造它。

习性的身份

习性，我们不去纠结它的定义，在这里你可以把它理解为习惯、习气等，总之它是你长期处在某种状态下形成的一种习惯，最后内化成一种固定的特性。它比较稳定，不易改变，并且在日常生活中你自己很难意识到它。

好的习性会给我们带来好运，坏的习性会给我们带来厄运，所以我们要找到自己坏的习性，进而在生活中去慢慢地改变它。

我把一个人的习性分为行为上的习性、思想上的习性和情绪化的习性。

行为上的习性

行为上的习性比较好理解，比如，有的人习惯用右手吃饭，有的人习惯用左手吃饭；有的人习惯用方言，有的人习惯用普通话；有的人习惯低着头走路，有的人习惯大摇大摆地走路；有的人说话很有礼貌，有的人说话比较粗俗等，这些都可以归纳为行为上的习性。它是一种针对可见的行为动作的一种习性，是我们在成长过程中慢慢养成的一些习惯。这些习惯有好有坏，所以你要注意的就是那些不好的行为习性，在生活中慢慢地去改变它。

思想上的习性

思想上的习性，是一种针对头脑中动作的习性。比如，当某个人做错事情的时候，他就不自觉地责备自己。在思维上习惯责备自己，这就是思想上的习性，与原生家庭和成长环境有很大的关系，如他有着习惯推卸责任的父母，他从小被批判着长大。总之，长期处在这种环境中，他形成了这种自责的思维习惯，给他带来了无尽的压力。再如，有一种人在生活中总是习惯性压抑自己，不能很好地释放自己，这就导致他总是容易焦虑、紧张和恐惧，这也是思想上的习性。他可能身体有缺陷，又或者家庭环境不好，总之在他小的时候为了自我保护，他总是选择掩饰自己，这就让他养成了这种封闭自己的习性。他的内心备感焦虑，直至抑郁。再如，某个人总是以自我为中心，批判这个、批判那个，总是想操控一切。这也是思想上的习性，他或许有这样的父母，让他耳濡目染学会了这种习气，又或者他从小被娇生惯养，养成了这种过度以自我为中心的思维习惯。他习惯了以自我为中心，习惯了操控，一旦这些习性受到挑战，他就会非常愤怒。

这就是思想上的习性，它更加隐蔽，不易察觉，需要你在生活中时刻纠正，直至养成新的、正确的思维习惯。

情绪化的习性

因愤怒而歇斯底里地发脾气，这是情绪化；因心情不好而迁怒于别人，这是情绪化；因想快些达成目标而罔顾事实，急功近利，这是情绪化；因太过高兴而忘乎所以，这也是情绪化。总之，情绪化就是习惯性地跟着情绪走，不理智。情绪化也是一种习惯，习惯了情绪化，你就是一个容易情绪化的人，一个不理智的人。

情绪化的行为往往会出现在小孩子身上，因为他们的自制力相对薄弱，所以当他们不开心的时候就大吼大叫，开心的时候就大喊大笑。当然，小孩子的情绪化往往是一种武器，哪怕不可理喻也可以得到周围人的谅解。但是，如果一个成年人如此，那将是非常麻烦的事情。这时候你就要意识到自己的这种习性，付出极大的努力去改变它。

情绪是一种警报器，但是如果你一直情绪化，就相当于无视警报器背后所传递的问题。你不愿意去面对问题，你的行为只会跟随情绪警报器起伏不定。警报器的不同声音只是在告诉你不同的问题，比如愤怒的声音，焦虑的声音，抑郁的声音，开心的声音，羞愧的声音等。每一种情绪的声音都预示着某种问题的存在，预示着你头脑中可能有一些不合理的认知信念，你的某些需求没有得到满足，你的心智需要成长。但如果你不去分析情绪背后的问题，总是跟随着警报器所传递的声音，甚至企图砸坏这个情绪报警器，长此以往你就会形成情绪化的习性。

要改变情绪化的习性，首先就要去深挖情绪背后的东西。为什么在此情此景、此时此刻容易产生这么强烈的情绪呢？背后有着什么样的认知信念呢？有着什么样的问题呢？如果不去深挖情绪背后的原因，你就永远无法摆脱容易情绪化的状态，因为无论你怎么压制自己，都是治标不治本。如果想改变这种情绪化的习性，你就要意识到自己的状态，不去认同情绪的身份，不去跟随情绪，也不要企图把这个警报器埋起来，甚至砸烂它。我们要做的是修缮这个警报器，看看其背后的问题，让问题得以解决，让认知信念更加客观，如此才能更好地改变情绪化的习性。当然，某一种习性的改变，一定会有另一种习性替代，也就是用一种不情绪化的习性去代替容易情绪化的习性。所以，找到了情绪化背后的原因后，我们还要着手改变容易情绪化的习性。以后当你再产生情绪的时候，不要总是习惯性地跟随情绪产生应激反应，你完全可以养成新的习惯。

当你与习性做斗争的时候，最重要的一点是不要去认同它，不要认为习性就是你。它只是一种习惯，只是你的一部分，它并不能代表完整的你，不能代表真正的你，它只是你长期处在某种状态下而形成的一种惯性，最后内化成了固定特性。所以，只要你能意识到它，并且找到正确的方法，在生活中不断地练习，你就可以改变自己的习性，养成新的习惯，成就新的自己。

由于习性隐藏在潜意识之中，所以它难以察觉，不会轻易改变，需要你付出极大的努力。但是，你要知道，这种努力是值得的，你播下去的种子，一定会长出丰硕的果实。当然，在这个过程中，无论如何我们都要给自己留出成长的时间，不论当下的状态如何，我们都应该理解自己，体谅自己，包容自己，让自己在爱与鼓励中慢慢地成长，慢慢地成就自我。

痛苦的身份

痛苦的身份，也可以叫作感受的身份，是你曾经痛苦的感受，是你过往的情绪体验。它并没有消失，只是潜入了你的潜意识之中，一旦碰到相似的情景，它就会跳出来影响你、控制你，重新唤起你痛苦的感受，让你迷失。它是一种内心所积压的情绪，是某种深刻的感受。

它就像另外一个你，它也有自己的思想、认知信念、情绪和欲望。但是，它是痛苦的，它是可怜的，它不仅会伤害别人，也会伤害你自己。更可怕的是在大多数情况下，它非常隐蔽，就像一个幽灵，在不知不觉间从你大脑的潜意识开始，悄悄地蔓延开来，直至完全控制你的整个身体，你自己却浑然不知。

也许你有过这样的经历，你在现实中受到了严重的刺激，晚上睡觉的时候往往就会做噩梦，相似的情景可能会在睡梦中再次出现。你睡着的时候，也是你意识最为薄弱的时候，你潜意识里的东西，往往就会浮出水面，开始胡作非为，让你重新体验白天所经历过的痛苦。

比如，当在工作中面临巨大挑战的时候，我们可能会做噩梦。你可能又回到了校园，正在紧张地参加一场考试，你的试题还没有做完，考试就结束了。或者你直接交了白卷，又或者在交卷后想起忘了写自己的名字，甚至你的笔写不出字，考得非常费劲，你非常焦虑和恐惧。这就是因为白天工作的焦虑，唤起了你儿时对考试的恐惧心理，唤起了你那个痛苦的身份。这时你很可能会从睡梦中惊醒，而后发现是虚惊一场。但是，此时的你可能已经头冒虚汗、心跳加速，现实与梦境还处在恍惚之间，那种紧张感、恐惧感和绝望感，依旧没有完全消失，你依旧心有余悸。

所以，在晚上睡着时，现实中的问题所产生的情绪往往会通过梦境再一次让你体验到儿时考试时的焦虑和恐惧。也就是白天焦虑的情绪，唤起了你考试时那个痛苦的身份，让你晚上做了噩梦。但白天醒着的时候却恰恰相反，潜藏在你潜意识里的那个儿时考试时痛苦的身份，会让你在白天"做梦"，让你不知不觉中就回到儿时的教室，重新体验考试时那种紧张的感觉，让你活在虚假的担忧之中，让你还没有开始工作，就已经对工作产生了焦虑和畏惧。

梦境把现实虚拟化，而痛苦的身份把梦境现实化，或者说把虚拟现实化，理解这一点非常重要。痛苦的身份会让你把内心储存的恐惧、焦虑等情绪体验再一次投射到现实的人、事、物上，产生主观感受，当然这个主观感受是虚假的。所以，不管是晚上的梦，还是白天的"梦"，除了让你产生虚假的痛苦，其还在传递一个重要的信息：你的内心还有些需求没有得到满足，还有一些问题没有得到解决。

有个谚语就很形象地诠释了这个现象：一朝被蛇咬，十年怕井绳。我们也可以将之理解为心灵创伤。过去的遭遇给你的心灵造成了很大的伤害，这些伤害给你带来痛苦的感受，它会汇聚成一股痛苦的能量，成为你痛苦的身份。这个痛苦的身份有着它自己的欲望和需求，有着它自己的信念和情感。当你认同了这个痛苦的身份时，你就会被它影响，成为它的傀儡，你就会失去真正的自己，产生负面情绪。

就像我们曾经讲到的那个被校园霸凌的朋友，过去长期的被欺凌，会在他头脑中形成偏激的认知信念。比如，他坚信自己是一个懦弱的人，坚信没有人喜欢自己，坚信任何人都可能欺负自己等。同时在长期被欺凌中所产生的那些焦虑、痛苦、恐惧、压抑、愤怒的情绪，以及那些被欺负的画面，也会留在他的心里，储存在他的潜意识之中。所有这些痛苦的感受和偏激的信念，就会成为他的一种痛苦的身份。

在今后的生活中，只要遇到类似的情景，便会触发他的这个痛苦的身份，过去那种痛苦的感受就会再次显现。如果他认同了这个痛苦的身份，就会被其影响，开始了"白日的梦境"。他好似又回到了过去，再一次被欺负，非常恐惧和愤怒，陷入极度痛苦之中。虽然是虚幻的，但是他自己无法意识到。他被痛苦的身份所影响，痛苦的身份怎么想，他就会怎么想；痛苦的身份需要什么，他就需要什么；痛苦的身份有什么感觉，他就有什么感觉；痛苦的身份做出什么行为，他就会做出什么行为。他完全被其掌控，完全沉浸在了"白日的梦境"之中。他会想象自己被欺负的情景，他会极度缺乏安全感，他会对周围的人再次失去信任，他会产生被害的妄想，他会产生极大的敌意……虽然现实中并没有发生这一切，但在痛苦的身份影响下，他的情绪会异常激烈，他可能会急切地想要逃离此情此景，甚至会情绪失控，做出极端行为。

如果他不能跳脱出这个痛苦的身份，他就会受这个痛苦的身份驱使，一直生活在痛苦之中。痛苦的身份会不断灌输给他痛苦的感受、体验和想法，不断地让他感受自己的卑微和懦弱，感受自己的无能和脆弱，感受自己的可怜和不幸。他会产生强烈的自卑感，产生强烈的恐惧和焦虑。他会变得更加被动、焦虑、敏感、恐惧、沮丧、抑郁，由此这个痛苦的身份会变得越来越强大，让他更加频繁地体验到绝望。

为了拯救自己，他或许会抗争。比如，由于这个痛苦的身份渴望爱与尊重，渴望被接纳和认可，他就可能会讨好别人。他可能会树立远大的人生理想和高远的目标，想要出人头地，想要一鸣惊人等。但因为受痛苦的身份驱使，缺乏真正的热爱，很多时候他往往只停留在"想"的阶段。他是急功近利的，是心浮气躁的，是缺乏行动力和毅力的，是缺乏热情的，他只不过是在不断积聚的压力下被迫行动，一旦遇到困难，他就会选择放弃，以失败告终。由于欲望无法满足，总是遭遇挫败，反而会增加他的自卑感，引发他更强烈的嫉妒心和更多负面情绪。即便他逼着自己不断努力，不断地讨好别人，哪怕小有成就，他也很难感受到真正的快乐，他会备感孤独，因为他只是跟随痛苦的身份，受着恐惧的驱使。

在《新世界：灵性的觉醒》中，作者艾克哈特·托尔把这个痛苦的身份叫作痛苦之身，我觉得非常贴切。每个人的身上或多或少都有痛苦之身。对于痛苦之身，我和艾克哈特的理解略有不同。我认为不能把它当作敌人，而是要与它并肩作战，因为它就是我们的一部分，是我们完整的自我中的一个身份。它本身很可怜，有过不好的遭遇。对于这样一个痛苦的身份，我们若还是对它充满着不理解、不接纳，充满着嫌弃与排斥，视它为恶魔，盲目地打压它，只会让它更加痛苦，导致它又会反过来影响我们。

就像我们的孩子出现了问题，我们不能简单粗暴地对待他，而是要给予他更多的爱与鼓励，慢慢地安抚他，帮助他发现并解决问题，让他在包容、理解和体谅中慢慢地恢复内心的平静，并得到疗愈，直至他的痛苦彻底消融。否则，粗暴地打压孩子，只会加深他的痛苦，让他的内心充满悲伤与恐惧，充满矛盾与冲突，充满不满与怨恨。他的情绪无法化解，他的需求无法满足，他的感受异常痛苦，他的情绪更加不稳定，他会更加情绪化，时常攻击他人或伤害自己，让他自己及周围的人苦不堪言。最终不仅没有解决孩子的问题，反而加重了孩子的问题，甚至影响到了你们之间的关系。粗暴地打压痛苦之身，同样会恶化你们之间的关系。这个痛苦的身份会用更大的能量来侵扰你的内心，受它的驱使，你会不断地伤害别人和自己，陷入混乱和困苦。

过去的恐惧、焦虑等痛苦的情绪，汇聚成了痛苦的感受，深埋在潜意识之中，形成了负面能量，也就是痛苦之身。痛苦之身不可怕，我们每个人都有着自己的痛苦之身。承认它的存在，在它每一次出现的时候识别它，而后去包容、理解和体谅它，耐心地倾听它的声音，用心感受它的需求，从而发现它背后的问题，由此才能化解它的怨气，平复它强烈的情绪，找到真正的解决方法。这时的你也就不会再受痛苦之身的驱使做出失控的行为。你会放过自己，不再与自己进行对抗，你会恢复内心的平静与安宁。

对于那些不能意识到痛苦之身的朋友，他们可能会出现让人难以理解的愤怒，会出现不应该出现的恐惧。他们总是小题大做，敏感多疑，让人难以理解。其实，在他们的潜意识深处，有着一个你看不到的受伤幽灵，这个受伤幽灵让他们瞬间失控，做出过激行为。当一个人能够看穿痛苦之身时，他就能脱离这个痛苦的身份，把完整的自己与痛苦的身份区分开来，实现自我成长。

在这一章中，除了痛苦的身份，我们还了解了许多身份，包括情绪的身份，标签的身份，角色的身份，欲望的身份，念头的身份，习性的身份等。这些身份都属于你，除了这些身份，你的基因等很多因素都在影响你，并共同塑造了今天的你。它们都属于你，但是，你并不属于它们，它们和你同处在一个系统之中，是一个相对的整体。你要随时识别这些身份，不要否认它们的存在，你要知道真正的自己是谁，而不是一味地被这些身份所吞噬。你不是一个一成不变的生命，你一直在成长，你是所有身份的集合，它们只是你的一部分。当你有了这种认知的时候，也就意味着你可以脱离所有身份，高瞻远瞩，走上正确的人生道路。

不去认同这些身份，不意味着要摒弃它们，它们和我们共用一个身体，共用一个大脑，同属一个系统之中。只是当这些身份出现问题的时候，我们不能把头埋在沙子里，一味地受它们的驱使。就像人体的各个器官一样，是一个统一的整体，处在同一个系统之中。当身体某个部位出现问题时，我们要仔细诊断。同样，当心理出现问题时，说明内在的这些身份需要你去关心，你要用心疗愈它们，感化它们，如此才能让自己不断地成长，内心才会更加平和与安定。

4

第四部分

心灵净化之路

心灵地图

　　前文，我们从各部分着眼，全面地了解了自己。就像我们绘制某个地区的地图，在一张白纸上，比照着某个地区，在地图中绘制出每一条路线，每一个标记，每一个指示牌，每一栋建筑。一草一木，所有的东西，我们都尽可能地一一勾勒出来。我们沉浸其中，发现了许多奥妙。我们所绘制的这张地图就是我们自己，它反映了我们的心灵。通过绘制，我们对自己愈发了解。

　　这张地图储存在你的潜意识之中，它就像一张芯片，被植入了你的大脑。它决定着你的价值观，决定着你的性格，决定着你会有什么样的情绪和行为，决定着你此刻是一个什么样的人。这张芯片中的认知信念、定义标签、身份角色、欲望本能、各种习性、痛苦的身份等，无不在深刻地影响着你。

　　这就是心灵地图。但我们的心灵地图是需要不断更新的，这张芯片需要不断地更新换代，因为我们的心灵地图要适应现实世界，同时也要紧跟我们年龄的变化。否则，地图脱离实际，我们就会走错路，甚至跌入谷底，痛苦迷茫，陷入困顿。只有不断地更新地图，与现实更加贴合，我们的心理才会更加健康，心智才会更加成熟，人生才会更加顺畅。

　　欲戴皇冠，必承其重。地图的修订并非一件易事，我们要克服惯性、习性、恐惧、懒惰，我们要增强自己的耐受力、自律性，我们要不断地学习，不断地在生活中实践，我们要知行合一，我们要经历蜕变的痛苦，我们要承担其中的压力。要想脱胎换骨，我们就要忍受刮骨疗伤的剧痛。但一切的努力都是值得的，因为这是一条通往圆满的道路，是一条自我实现的道路，也是一条幸福之路。

需要注意的是，我们所要修正的不是我们这个本来的生命。犹如一棵梧桐树，我们要修正的不是梧桐树这个品种本身，而是修正它生病的根、茎、叶，特别是着重诊治它的根系，以便让这棵梧桐树茁壮成长。人也一样，我们所要修正的不是本来的自己，我们有着自己的性格、使命、责任、天赋。我们所要修正的不是这些，而是那个过时的、不合时宜的、出了毛病的心灵地图。我们的最终目的是成为最好的自己。

想要知道如何修订这张地图，首先要了解自己。在这里我把自己分为四个层面：第一个是旧的自己，第二个是观察性的自己，第三个是情绪化的自己，第四个是新的自己。这四个自己共同组成了完整的你。下面我们逐一揭开它们的面纱。

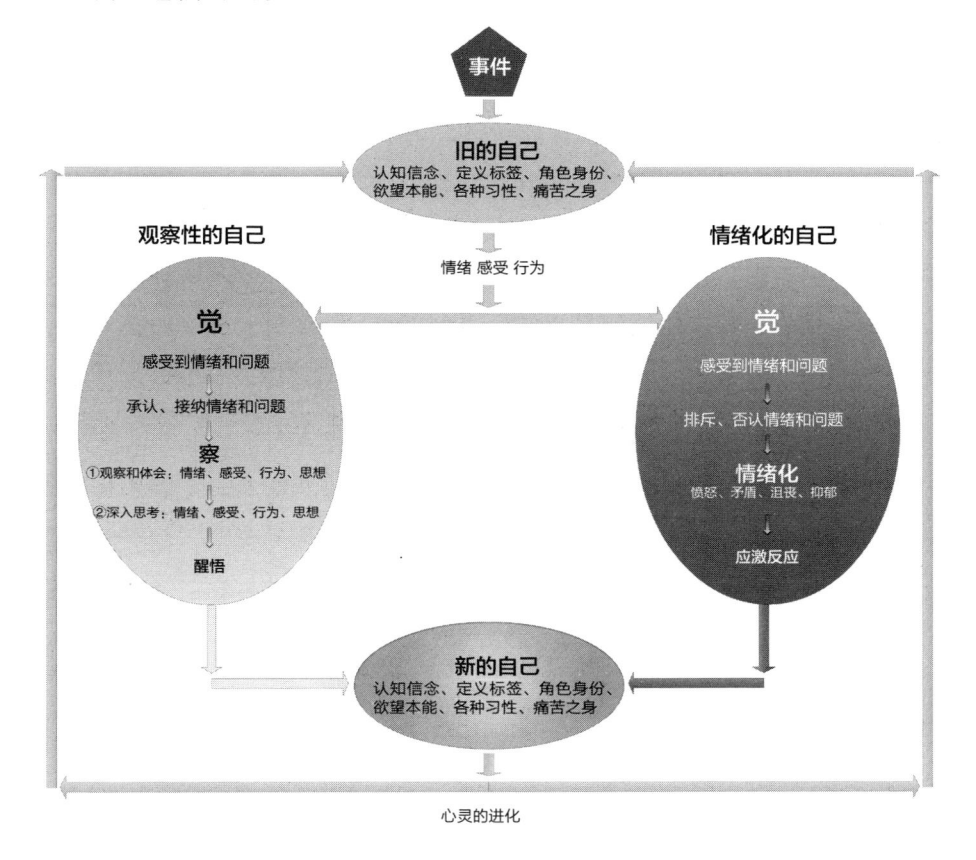

事件

旧的自己
认知信念、定义标签、角色身份、
欲望本能、各种习性、痛苦之身

情绪 感受 行为

观察性的自己

觉
感受到情绪和问题
↓
承认、接纳情绪和问题
↓
察
①观察和体会：情绪、感受、行为、思想
②深入思考：情绪、感受、行为、思想
↓
醒悟

情绪化的自己

觉
感受到情绪和问题
↓
排斥、否认情绪和问题
↓
情绪化
愤怒、矛盾、沮丧、抑郁
↓
应激反应

新的自己
认知信念、定义标签、角色身份、
欲望本能、各种习性、痛苦之身

心灵的进化

第四部分　心灵净化之路　>　151

旧的自己

旧的自己，就是你现在头脑里的地图，地图所呈现的就是此时此刻的你。你的样子在地图上分毫不差地呈现出来。

旧的自己也可以叫过去的自己，里面蕴含着你以往的各种认知信念、定义标签、身份角色、本能欲望，以及积聚的感受，这些前面都详细地讲过。它们在你的潜意识之中，触发着你的各种情绪，影响着你的一言一行，这就是大多数人的无意识状态，即被旧的地图统领着。

旧的地图是人生的舵手，就像电子设备的芯片，决定着现在的你。它可以帮助你快速地做出反应，帮助你解决人生中常见的问题，稳定你目前的人格。地图中有你所形成的固有经验、习惯，有你对于人、事、物所形成的固定印象和认知，它可以让你稳定地做出反应，以便于让你和外界保持一种稳定和谐的关系。

比如，大家都知道你叫什么，有着什么样的喜好，有着什么样的脾气，有着什么样的习惯，有着什么样的优点和缺点等，这些既是你的心灵地图，也是别人心灵地图中对你的一部分认知。如果没有这个旧的心灵地图，或者这个心灵地图非常易变，那么，当第二天一大早醒来时，你就会变成另外一个样子，你要重新适应这个世界，要重新绘制自己的心灵地图，你会不知所措。同时，你的爱人、父母、同事和朋友，他们心灵地图中对你的认知，还停留在昨天，他们一定会惊诧于你的改变。你突然成为截然不同的另一个人，这会让他们措手不及，导致他们不知道该如何与你相处。如果真的是这样，人与人之间就不可能建立起稳定的关系。社会要想稳定，每个人的人格就需要稳定，人格的稳定就是心灵地图的相对稳定。

稳定的心灵地图虽然有好处，但是它并不是一成不变的，因为社会环境总在变化，时代也在变化，你周围的人、事、物都在变化，包括你自己的角色、年龄也都是不断变化的。所以你的心灵地图也一定会变化，只是这种变化大多是缓慢的，是渐进的。如果一个人的心灵地图一直不变，他的心智不能成长，他的人生就一定会出现问题。

比如，一个30多岁的人，如果他的心灵地图还停留在童年时期，他的心智依旧像小孩，他就难以应对当前年龄段所遇到的各种问题。小孩的喜怒哀乐往往转变得特别快，小孩高兴就笑，伤心就哭，稍不如意就可能会大发脾气，他们看待世界的方式很简单。如果一个30多岁的人也是如此，说明他的心智并没有跟随年龄成长，他的心灵地图与现实存在极大差异。在过时的心灵地图的引领下，他就会到处碰壁，走入绝境，误入歧途，他与周围人的关系就会异常紧张，与自己的关系也会异常紧张，他会非常痛苦。

所以，旧的自己有好的一面，也有坏的一面。只有不断地成长，我们的心智才会更加成熟，我们的心灵地图才会更加完善，这样我们才能更好地前行。

但是，我们总会习惯性抱着旧的自己不放。我们讨厌变化，讨厌未知，我们最喜欢稳定，因为未知意味着恐惧，变化意味着不安全、不舒适。在懒惰和恐惧心理的作用下，我们就会固守旧的自己，不愿改变。一旦旧的自己过时，不再适于当下的世界，你的内心就会混乱，你要付出的代价只会更大。所以我们一定要克服懒惰和恐惧，在遇到问题时，及时修订自己的心灵地图，切不可等到问题堆积成山，自己积劳成疾，再去修订它，那时你要付出的努力往往更多。

这就是旧的自己，我们不能消除它，而要在它的基础之上更新、完善和修正它。

观察性的自己

所有人都有一个观察性的自己，但它的强弱不同。观察性的自己很强的人，善于自省。自省在心理学上叫自我觉察，自省的能力就叫作自我觉知力，也叫作自我觉察的能力。这个能力对于心灵地图的修订和自我心智的成长起着至关重要的作用。

一说到自我觉察，很多人可能会理解为感觉，但自我觉察并不仅仅是感觉，这里要着重区分一下二者。自我觉察和感觉不同，感觉是你的一种感受，比如，你可以感受到冷、热、甜、累、危险、幸福、快乐、抑郁、愤怒等。自我觉察是你可以觉知和看到自己正在感受冷、热、甜、累、危险、幸福、快乐、抑郁和愤怒等，也就是你可以看到那个正在感受这些的自己。你脱离了自己的身体，以一个旁观者的身份来观察自己及周围的世界。此时，你就出现了"第三只眼睛"，你开始变得清醒，这就是自我觉察。感觉是走在自我觉察前面的，有感觉的人，不一定会产生自我觉察，而有自我觉察的人，一定会有感觉。只有具备了自我觉察的能力，你才有了修订自己头脑中心灵地图的可能。

这就是我们的另一个自己——观察性的自己。它可以随时地监控你，防止你偏离轨道，防止你走向绝境。在现实当中，我们可以看清前方的路，避免被石头绊倒或者掉入悬崖，这依靠的是我们的两只眼睛，它们是我们观察世界的工具。在你的精神世界里，同样有一只眼睛，它可以让你看到自己的状态，看到自己的处境，让你可以看清自己，让你更加清醒，避免陷入困境、误入歧途。这只眼睛就是你的"观察性的自己"的眼睛。当出现问题时，它会到你的身体之外，全方位地审视你的一切，透过你的情绪、感受、行为、想法等，去看隐藏在它们背后的东西，也就是你的精神世界。你的观察性的自己，可以透过表面看到本质，重新审视你潜意识里的心灵地图，帮助你去修正心灵地图中的偏差。

自我觉察分为"觉"和"察"两个部分。"觉"是指你能够感觉到和意识到，也就是你能够发现自我的状况，能够感觉到自己遇到了问题。就像古代，在营寨外面站岗的哨兵发现了异常的动静，意识到了危险，他开始变得警觉。这是最基础的阶段——觉的阶段，也是一种应激反应状态。

在"觉"和"察"之间，有一个关键性因素：你是否承认和接纳你自己所产生的情绪及所遇到的问题，你是否承认事实的发生。如果你承认和接纳它们，那么你就会成功进入"察"的阶段。

"察"是指你开始观察自己，当你开始承认和接纳情绪及所遇到的问题时，你的另一个观察性的自己就开始真正地苏醒了。它感觉到了异样，它脱离了你的身体，对你进行审视，开始去感受你此刻的情绪和状态。

"察"分为两个阶段。

第一个阶段是观察和感受自己的阶段，不过这只是停留在对现象进行观察上。虽然停留在表面，但是它非常重要。比如，当你被别人激怒的时候，一旦你进入"察"的第一阶段，你会这样去观察：我现在好像很愤怒，我的心跳在加速，我的呼吸有些急促，我的拳头在握紧，我好像遇到了一些问题。此时你可以把手放在自己心脏的位置，感受一下心跳，观察它是怎么跳动的，它的频率如何，再去观察一下自己的呼吸，观察自己是怎么呼吸的，是急促的还是平稳的等。当你这样去观察自己的情绪的时候，你的情绪其实就已经可以平复了。

你观察自己的过程，就是脱离自己的过程。产生情绪的是旧的自己中的心灵地图，是地图里的一些认知信念、概念标签、身份角色等，脱离自己就会脱离心灵地图中这些因素的干扰，就会远离那些对我们有影响的念头，就会脱离情绪本身。当在自己身体之外，以一个旁观者的身份来观察自己的时候，你就摆脱自己固有的认知信念了，你不会再去想那些让你生气的事情了，不会再被某个念头牢牢地困住了，而是把注意力放到自己的身体反应上。就像观察愤怒的他人一样，你看得入了神，一时间忘记了让你烦恼的那个念头。你现在更像看热闹的群众，而不是那个正在愤怒的人，事情好像与你无关，你会更加客观和冷静。这是"察"的第一个阶段。

第二个阶段是深入思考的阶段。此时的你不再只是停留在表面观察和感知，而是开始深入自己的心灵地图，去看每一个触动你情绪和行为背后的标记，去了解每一个认知信念、定义标签、身份角色、欲望本能、各种习性、痛苦的身份等。接着上面的例子，你对自己的愤怒状态进行了观察，你的情绪已经得到了平复。事情已经过去，现在你开始深入地思考这背后的原因。你为什么会愤怒？你为什么产生这些情绪？这个愤怒是合理的吗？这些念头背后的东西是什么？当这样深入地审视自己时，你就进入一种自省的状态，一种深入思考的状态。此时的你就是在寻找那些心灵地图中错误的和过时的标记，为修订心灵地图打下基础。

自我觉察就犹如灵魂出窍，你的意识感觉到状况，并且站在你的身体之外，全方位地观察你的言行举止、身份角色、情绪感受、思维想法等。以观察者的身份来审视和分析自己，可以让我们不再被固有的、过时的心灵地图操控，不再被那个落后的旧的自己所影响。

需要注意的是，并不是每个人的自我觉察能力都这么强。如果你不去刻意地训练它，你的另一个观察性的自己往往就会非常弱小，极其容易失职，沉睡过去。就像当你伤心的时候，如果你不习惯运用自我觉察，观察性的自己就不能很好地感知、识别你伤心的情绪，你就意识不到自己在伤心，你会与情绪不断地纠缠，导致严重的情绪化。

你应该有过这种经历，比如，当你在看电视的时候，有时你会沉浸到剧情之中，你会不自觉地把自己当成电视剧中的主角，你会随着主角的情绪而伤心欲绝、气愤难耐。此时你不是看电视的那个人，也不是旁观者，而是成为电视剧中的人物。你被带入剧情之中，你开始伤心、愤怒，开始情绪化，你会产生应激反应，你会哭泣，会谩骂等。等电视剧结束，你又恢复正常，开始了日常的工作。这就是失去观察性的自己的状态。

在现实中，如果你丧失了自我觉知力，你就会进入一种无意识状态，你意识不到自己在干什么，很容易情绪化，这是非常危险的。你不能觉知到自己的情绪，你就无法观察情绪背后心灵地图中那些错误的标记，意识不到那个过时的落后的自己。于是，你就会跟随情绪产生应激行为，并且不断地与情绪纠缠，难以集中精力冷静地分析真正的问题。此时，你就成为另一个自己——情绪化的自己。

情绪化的自己

情绪化的自己每个人都有，它与观察性的自己正好相反，它不仅不会站在身体之外去观察自己，反而会跟随旧的自己，跟随旧的心灵地图，沉浸其中，不断地与情绪纠缠。

情绪化的自己和观察性的自己不同，虽然它也可以感知情绪，感知问题，但是，在它还没有正式进入"察"的第二阶段时，它就已经把情绪拒之门外。也就是它在感觉到情绪和问题的时候，没有选择承认和接纳，而是选择了抗拒和回避。它否认现实，不面对问题，此时的它与情绪不断地纠缠，最终导致严重的情绪化。

比如，有些年轻人在失恋后，往往会出现极端行为，容易想不开，要么伤害对方，要么伤害自己。这是在极其复杂的情绪中产生的行为。此时的他可能会非常绝望、痛苦、伤心、愤怒、自责、焦躁等。起初在他还没有觉知到问题的时候，他会受旧的自己的影响，受过时的心灵地图的指引，产生一些情绪上的冲动行为。比如，与恋人歇斯底里地争吵，甚至威胁恋人等。但随着时间的流逝，他开始意识到自己的情绪，意识到自己的问题。但是，如果他习惯性地排斥这些情绪和问题，他就无法进入"察"的第二阶段，观察性的自己就无法苏醒。他会转而进入情绪化的自己，否定已经发生的事实，不断地和自己的情绪作斗争。

当他抗拒情绪和问题的时候，就是在固守旧的心灵地图。他头脑中的心灵地图总在强调恋人的无情，他会懊恼自己的付出与遭受的不公，埋怨自己的无能，担心别人的嘲讽等。总之，他受旧的心灵地图中这些负面思维的支配，滋生出了更多的负面情绪，拉响了更多的情绪警报器，负面情绪的累加，又会促使他更加注意这些负面思维，导致他更加情绪化。如果他继续排斥负面情绪，就会进一步激化他的情绪，让情绪进一步恶化。这样他就会不断地恶化情绪，导致严重的情绪化。过度的情绪化便会让他产生强烈的身体上的应激反应，最终他可能会产生可怕的行为。

当他的恋人提出分手后，他的心理过程大致是这样的。

- 否认——恋人提出分手，起初他会否认，他觉得恋人在开玩笑或冲动了。从否认这一刻开始，就意味着他的观察性的自己被削弱了，他会进入情绪化的自己。
- 愤怒——他会愤怒于恋人提出分手，他会想：为什么我对你那么好，你还要离开我？你怎么这么无情！你这个可恶的人！你欺骗我的感情！
- 讨价还价——或许过两天你就会回心转意了，你一定是一时冲动，你告诉我哪里做得不好，我改！只要你不和我分手，怎么样都行！
- 沮丧——我被抛弃了，我怎么这么没本事，我太恨我自己了，我这悲哀的人生，我太失败了，我的人生结束了，我觉得活着一点意思都没有，我好痛苦。

他会不断地在这个循环里打转，与情绪和问题作斗争，深陷情绪化的自己。如果他足够幸运，在抑郁沮丧之中，他会慢慢地接受和承认这个事实，开始正视自己的情绪和问题。他会来到自我觉察的"察"的阶段，深入地分析自己所遇到的问题，最终他会得到成长，他会来到下一个阶段。

- 接纳——在这个阶段，他会看到自己心灵地图中的许多问题，他的心智会更加成熟。

一定要记得，如果这一次的问题没有得到解决，他的困惑没有解开，说明他的心灵地图中依旧存在错误，他的这个人生课题就依旧存在。即便这次的问题被时间淡化了，但他自己并没有成长，他旧的自己没有更新，他还会在同样的问题上栽跟头。因为他一直在情绪化的自己里打转，他并没有进入自我觉察的阶段，并没有深入自己的精神世界里，没有深入心灵地图之中，他看不到影响他命运的本质问题。

像这类人，一旦他的观察性的自己开始起作用，这个时候，他就会慢慢冷静下来。但是，有时通过他自己的力量，很难进入这种状态，并且他很难客观地看待问题，导致他变为情绪化的自己，更加痛苦。在有些情况下，他可能会寻求心理医生的帮助。心理医生帮助他审视自己，帮助他进入观察性的自己，让他有机会把隐藏在这些情绪和问题背后的东西暴露出来，把心灵地图中的那些过时的、偏激的、错误的、不合时宜的认知信念带到他的面前。当他及时地修订自己的心灵地图时，他就会慢慢地恢复到正常状态，开始新的生活。

大多数人在面对问题的时候总是习惯性逃避，视情绪为敌人，和它产生强烈对抗，导致自己进入不了自我觉察的阶段，陷入危险。当排斥情绪和问题的时候，即便你能感知到情绪，你也很难进入"察"的阶段，因为对于"觉"到的情绪和问题，你总会选择回避，企图逃离，或者干脆捂住自己的双眼，等待问题自行消失。负面情绪是一股能量，它总会消失。情绪慢慢消失后，你放下了捂住眼睛的双手，貌似一切回归正常。但因为你流于表面的思考，盲目地给自己和外界贴标签、扣帽子，不深究里面的原因，因此你并没有真正地解决问题，没有更新旧的自己中的心灵地图，这就导致同样的问题会反复出现，负面情绪会反复到来，情绪的积聚会让你的问题更加严重。

情绪是人生问题的警报器，抗拒情绪就是逃避问题。所以当感受到负面情绪的时候，一定不要逃避，否则问题会一直存在。我们要透过这个情绪警报器，看到背后的心灵地图，看地图中具体的认知信念、定义标签、身份角色、欲望本能、各种习性、痛苦的身份等，发现其中的问题，参透其中的道理，对心灵地图中的错误加以修正，这才是一个完整的觉知过程。否则，你最多只是完成了自我觉察前半部分的"觉"，而没有完成自我觉察后半部分的"察"，你进入的不是观察性的自己，而是情绪化的自己。

这就是情绪化的自己，它会阻碍我们心智的成长，会拖延我们的问题，会让我们丧失思考的能力，导致误入歧途。但是，情绪化的自己又是必不可少的，我会在下一节进行介绍。

新的自己

新的自己就是新的心灵地图，但是新的自己并不意味着它就是有利的，因为新的自己的形成往往是复杂的，并非通过单一的途径。它的形成过程往往是这样的。

事件→旧的自己→产生情绪、感受和行为→进入情绪化的自己（维护旧的自己，与问题和情绪对抗，企图改变外在的世界）→碰壁→进入观察性的自己（承认、接纳现实，开始自我审视和观察，发现问题，了解规律）→新的自己

当然，这个过程不会这么顺利，各环节往往交织在一起，比如，有可能是这样的。

事件→旧的自己→产生情绪、感受和行为→进入情绪化的自己（维护旧的自己，与问题和情绪对抗，企图改变外在的世界）→碰壁→在情绪化的自己里打转（继续对抗）→碰壁→在情绪化的自己里打转（继续对抗）→绝望→进入观察性的自己（承认、接纳现实，开始自我审视和观察，发现问题，了解规律）→新的自己

同时，外在的世界是不断变化的，随着外界的变化和事件的发展，这个过程会一直持续，新的自己会不断地成为旧的自己，旧的自己又会不断地被新的自己所替代。所以，新的自己也可以叫作旧的自己，因为它一旦形成，也就意味着新的结束与旧的开始。它在时间的空间里不断地更新迭代，它既是新的，又是旧的；它既是当下的，又是过去的。

我们在遇到问题的时候，总会有两种选择：要么改造外界的环境，让环境适应我们；要么改变内在的旧的自己，让旧的自己更新迭代，适应外在的环境。我们总是在碰壁和突破中寻找一种平衡，并且不断地前行。

观察性的自己让我们成长，情绪化的自己企图让我们对抗情绪和问题、保持自我。所以，我们能够适应世界，全靠观察性的自己；我们能够坚定意志去改造世界，这种冲动就来自情绪化的自己；而让我们越来越强

大，能在这个世界上更好地生存与发展，靠的就是两种力量的彼此加持。

情绪化的自己来自自我的存在，而观察性的自己来自客观世界的存在。一个是自我的意识，一个是宇宙的意识。一个是自我主观的视角，一个是宇宙客观的视角。所以情绪化的自己在于维护自我，而观察性的自己在于拓展自我。

当情绪化的自己感知到情绪和问题的时候，就会进行抵触，它会尽力维护旧的自己，产生改造外在世界的冲动。但是，想要改造外在的世界，首先要了解它的自然规律，由此入手，我们才有改造外在世界的可能，否则痛苦的只有自己。所以人往往在多次碰壁之后，才不得不进入到观察性的自己，开始全面地审视所遇到的问题，审视自己的心灵地图，改进旧的自己，发现外在世界的规律。在情绪化的自己的冲动下，在观察性的自己的觉悟中，两种力量相结合，让我们不仅拥有了改造外在世界的意志，我们还拥有了改造外在世界的可能性。

所以，如果只是通过情绪化的自己而形成新的自己，往往是盲目的，只会加重情绪化。而当观察性的自己参与进来时，所形成的新的自己才是对我们有利的，它通过一种上帝视角，全方位地对我们自己及所遇到的问题进行审视，它所产生的这个新的自己是建立在旧的自己基础之上的。也就是通过修订旧的心灵地图，得到了新的心灵地图，这个地图更加符合实际、适应现实，也更加精准，避免你在现实中误入歧途。

这个新的自己的形成，就像人体的新陈代谢，每时每刻都在经历着变化。人体的成长靠的是新陈代谢，新的自己的成长靠的就是修订心灵地图。新陈代谢靠的是进食，修订心灵地图靠的是直面人生问题。人生问题就是我们心灵的食物，是成长必不可少的"营养"。所以我们一定要养成直面问题的习惯，否则我们就如同因噎废食，新的自己就会越来越弱小，越来越病态，直至"新陈代谢"终止，生命也就随之结束了。

为了更好地适应环境，当人生遇到问题时，我们不能情绪化，否则最终所要付出的代价也是沉重的，要么是面临生活上的困苦，要么是面临心理上的煎熬。所以，我们要努力地培养观察性的自己，及时修订过时的心灵地图，主动成长，产生新的自己，让新的自己不断地更新迭代，不断地进化，以便能够更加适应这个现实世界。

正确的自我观察

观察性的自己非常重要，那如何才能进行正确的自我观察呢？

自我观察又叫自省，也就是一个人对自己所遇到的问题进行深入的观察、思考和分析。这种思考方式我们习惯称为自省，也叫作内省，意思就是自我反省。但是大多数人对于自省有一个非常大的误区，认为过度自省会导致抑郁，其实过度自省并不是自省，它和自省完全不同。正确的自省不仅不会导致抑郁，它反而会对你的人生大有裨益，会让你更加睿智和安全，更加幸福和平安。那人们口中所谓的过度自省到底是什么呢？就是自责，错误的自省是自责。只要你能区分二者，你自省的能力就会得到很大提升。所以，想要了解如何正确地自我观察，首先要明白自责和自省的区别。

自责和自省最大的区别是：自责是情绪化的，而自省是客观的、冷静的。也就是自责进入的是情绪化的自己，而自省进入的是观察性的自己。虽然它们都察觉到了异样，感觉到了情绪和问题，但情绪化的自己一直在否定情绪和问题，逃避现实，而观察性的自己则承认和接纳情绪，直面现实，深入地观察情绪及问题本身。情绪化的自己在思考时受着旧的自己中心灵地图的制约，是片面的、偏激的、有偏差的，并且由于它盲目地维护自我，所以它往往是充满主观色彩的。

比如，曾经有个小伙子咨询我，说他现在已经30岁，生活很不如意。他没有工作，没有老婆，穷困潦倒，他现在天天就躺在出租屋里。他太内向，嘴又笨，人又蠢，很无能等，总觉得自己太差劲。从表面看，他貌似在深刻地自我反思，看似在努力地思考，但这并不是他观察性的自己在思考，而是他情绪化的自己在按照他头脑中固有的心灵地图在思考。当他遇到问题的时候，他并没有真正地去自我观察和反思，而是盲目地给自己贴标签、下定义，然后把自己困在这些标签和定义之中，导致他观察性的自己被困在身体之内，不能以一个旁观者的身份出现。这就让他进入了情绪化的自己。情绪化的自己受着旧的自己心灵地图片面的、主观的、偏激的想法的制约，他的思考就会非常肤浅，流于表面，他永远看不到真相。并且，他会不断地与自己的问题和情绪作斗争，他会抗拒问题，回避情绪，逃避现实。如果问题依旧存在，无法解决，他就很容易转而攻击和责备自己，给自己贴上更多类似愚蠢、无能、胆小的标签，来谴责和批判自己。这就会进一步堵住思考和观察的大门，让观察性的自己胎死腹中，让他陷入痛苦的自我内耗。他看不到自己的优点，也看不到生活的全部，他无法积极主动地改变自己的处境，无法享受生活，他由一个充满主观能动性的人，成为了一具行尸走肉。

这种盲目地给自己贴标签、下定义，谴责和埋怨自己，而不去深入地观察和思考的行为即自责。盲目自责就会导致他一叶障目，不见泰山，不能全面客观地看待自己和事件本身。这些武断的标签和定义就会成为横亘在他眼前的一座座山峰，就犹如苏轼的诗《题西林壁》中所说：

横看成岭侧成峰，远近高低各不同。
不识庐山真面目，只缘身在此山中。

你看不到真相，是因为你没有登到山顶，没有站在自己的身体之外去观察自己。你只是停留在各种既定的标签、概念、定义及各种身份之中，停留在它们所滋生的情绪之中，停留在情绪所产生的应激反应之中。你的思维只是在山谷当中不停地打转。你受情绪和有限认知的驱使而活动，永远逃不出旧的地图的掌控，你的思维成为了过时的心灵地图的傀儡。你受着情绪化自己的驱使，故步自封，掩耳盗铃，不断地与现实作着无谓的抗争。你陷入了情绪化的自己，而非进入了观察性的自己。

还有一位朋友曾经咨询我，说他有个特别严重的问题，无论什么时候他的大脑都在思考。从早晨醒来一直到晚上睡觉，他都在不停地想，导致他不能专注于当下的事情，这让他非常苦恼，他觉得自己是一个控制不住思想的人。

这位朋友可以意识到自己在不停地思考，并且试图解决自己的问题。他貌似在自我反省，但我们需要深入地看一下，他到底是在反省，还是在自责，到底是进入了情绪化的自己，还是进入了观察性的自己。

人在醒着的时候，大脑多数时间都是在思考的，这是很正常的。这位朋友之所以痛苦，是因为他不允许自己这样，他想抗衡的正是人的本能，也就是自然规律，所以他总是以失败告终，他自然会非常痛苦。

这位朋友的问题就来自盲目地给自己下了一个定义，贴了一个标签，而不去深入地观察和思考。他武断地认为自己是一个控制不住思想的人，有了这个标签以后，他就屏蔽了观察性的自己，阻止了自己进一步思考，他就会进入情绪化的自己，顺着情绪化的自己，开始了自我抗拒，开始自责。

他习惯性地对抗自己，习惯性地给自己贴标签。当他给自己贴了一个标签时，就好似树立起了一个敌人，为了消灭这个敌人，他就要消灭这个标签，自我的斗争便开始了。他每天拿着放大镜看着所谓的问题，而看不到整体，他终日沉浸在这个所谓的问题当中无法自拔，最后他就成为了问题本身。

所以当他感觉不适，有焦虑症状的时候，他就需要深入地观察自己，思考到底是什么在影响他，思考自己有着什么样的习性，有着什么样的认知，有着什么样的念头，有着什么样的信念等。看到底是什么样的"身份角色"在控制和影响着他。他要不断地深挖、观察和探索，以便找到本质原因，如此他才能更好地修订自己的心灵地图，他才能够更新旧的自己，才能够更加地了解自己，才能够看清现实，找到方法，解决问题，这才是自省。

像这个朋友，他宁可责备自己，也不愿意深入地思考，不愿深挖自己不停思考的背后问题。他的思考并不全面，也并不深入，他只是停留在问题的表面，他的观察性的自己感受到了异样，但马上就缩了回去，然后情绪化的自己出现，开始盲目地自责和自我压抑。他无法通过观察性的自己进入自省阶段，所以他的问题一直存在，他就无法获得解脱。

如果他懂得如何自我观察，养成深入思考的习惯，不用我的帮助，他自己就可以很好地进行自我剖析，处理所遇到的问题。

观察性的自己的天敌

你有没有这种感觉，当你在家里，与家人相处时，你会比较放得开，比较自然和放松，但是一旦你来到了公司，与领导相处时，在会议上发言时，你就会收敛许多，你会变得拘谨和严肃一些。为什么会这样呢？有的朋友可能会说，因为家里和公司不一样，家人和老板也不一样，发言时的场景和平时说话也不一样，所以我们的状态不一样。对，因为我们看到了自己的处境，明白其中的利害，所以会表现出不同的行为。这样的话我们是不是进入了观察性的自己呢？其实并没有。

进入观察性的自己并不容易。像前文例子中的主人公其实并没有进入观察性的自己，只不过受着旧的自己的制约，受着旧的自己心灵地图的影响而产生了相应的应激反应而已。当你在面对不同处境时，你的眼睛捕捉了不同的信息，传递到了你大脑的潜意识之中。潜意识中本来就存在的一些经验、认知和本能等，它们就开始暗暗地影响你的行为和举动，你的情绪和状态，所以你就产生了不同的行为反应。也就是旧的自己通过眼睛获得了一些信息，经由心灵地图中的各种身份，而产生了相应的本能反应。就像把老板和孩子的照片分别放到你面前，你会本能地产生截然不同的反应一样，一张照片让你屏气敛息，另一张照片让你不自觉地露出笑容。所以，在这种情况下你并没有进入观察性的自己，你只不过是基于旧的自己的心灵地图而产生了应激反应而已。

但是，如果你此时能看到紧张的自己，能够意识到自己的紧张，并且承认和接纳自己的紧张，看到自己的心灵地图，理解自己的情绪，不让自己的情绪失控，那么这时你就开始真正地进入观察性的自己了。因为你在真正地审视自己及所遇到的问题，你已经站在了自己的身体之外，而没有再受旧的自己的心灵地图的制约和影响。

但是在大多数情况下，我们会依着旧的自己的心灵地图行事，一般不会进入观察性的自己的状态。为什么呢？因为没有必要。我们所面对的世界，大多数时候是没有太多变化的，我们每天的工作、生活在按部就班地进行着，包括我们的人际关系也都是如此，比较稳定。哪怕遇到陌生人，我们也会根据旧的自己的经验，来判断和推测对方的性格，只有在与对方产生矛盾时，我们才可能会重新审视自己过去的认知。所以，观察性的自己并不会轻易出现，往往是当我们遇到了相对严重的问题时，当旧的自己与现实世界出现了重大冲突时,当痛苦的情绪到达极限时,我们观察性的自己才有可能会苏醒。因此,大多数人的状态是,不到迫不得已不会轻易地进入观察性的自己。除非陷入了绝境,痛苦的情绪到达了临界点,我们才可能会幡然醒悟,才会被迫进入自我觉察的状态中,才会去修正旧的自己,修订那个过时的心灵地图。如此,我们才能走出当前的困境,应对现实世界。

但有些时候,即便是痛苦达到了极限,我们也不会自我觉察,撞了南墙也不会回头,痛苦到极限也不会醒悟。我们宁可选择背对问题,把头埋进沙子里,也不愿意面对问题。哪怕这种痛苦已经转化成了严重的心理问题,我们也不愿意进入观察性的自己去自省。我们更愿意进入情绪化的自己,盲目地逃避现实、抗拒问题、排斥情绪,不断地与它们作斗争,产生严重的精神内耗。

为什么进入观察性的自己会这么困难呢?这里就不得不提观察性的自己的两大天敌:恐惧和懒惰。

我们有时并不是没有机会看到真相、意识到自己的问题,也并不是没有客观思考的能力,在很多情况下是因为我们不愿意看到真相,不想去找原因,不想知道办法。即便你确实认为自己应该改变,想要拯救自己,但你的潜意识却一直在回避,其中最大的原因就是恐惧和懒惰。

就好比你从小生活在山谷里,慢慢地周围的食物已经不能满足你的需求,你必须走出你所熟悉的这片区域,才能保障自己的生存。此时,你首先需要爬到山顶,登高望远,你才能够找到方向。但是,想要爬到山顶,你就要跋山涉水,努力克服重重困难,要经受身体上的辛劳和精神上的煎熬。所以,与其如此,倒不如继续待在熟悉的山谷里,既安全又轻松,虽然会时不时地忍饥挨饿,但起码不会面对危险。于是你宁可选择安于一隅,也不愿意走出山谷。你害怕未知的恐惧,畏惧可能要面对的辛苦,相对而言，饿肚子貌似好许多。但是这如同温水煮青蛙，没有勇气走出山谷，你早晚会在山谷里慢慢饿死。

我们心智的成长何尝不是如此呢？心智想要成长，心灵地图想要更新，就必须进入观察性的自己，必须克服重重困难，必须面对痛苦的情绪，必须直面你所遇到的问题。不仅需要面对问题，你还要对自己的情绪和所面临的问题进行深入的观察。也就是说，你必须在主动承受痛苦的同时，还要深入地剖析自己遇到的问题。所以，自我觉察会非常累，不仅累，你还要忍受刮骨疗伤般的蜕变之苦。相比起来，我们更喜欢安逸的生活，更喜欢被推着前进，因为那意味着安全和舒适。我们宁可做那个"温水煮青蛙"故事里的青蛙，也不愿担负起自己的责任。因此很多人由于懒惰和恐惧，在需要心智成长时望而却步，进而选择了逃避和抗拒。他们抗拒情绪和问题，逃避现实，选择了情绪化的自己，沉浸在里面无法自拔。

斯科特·派克在他的书《少有人走的路》中曾经说过："规避问题和逃避痛苦的趋向，是人类心理疾病的根源。"我们拒绝承认情绪和问题，我们畏惧深入思考，我们害怕承受痛苦，于是我们选择了情绪化的自己，在潜意识中拒绝了观察性的自己。我们沉浸在情绪化自己的幻想里，逃避现实。现实的问题被搁置，它就会以心理问题的形式出现。心灵地图与现实差距越大，现实的问题就越大，心理问题也就越大。所以，我们要随时意识到自己的恐惧和懒惰，以免观察性的自己受到阻碍。

像我们上一节举的第一个例子，这位朋友30多岁，事业、爱情都不顺利。他把原因归咎于自己的内向、笨拙和无能，盲目地给自己扣了很多帽子，贴了很多标签。他貌似在深刻反思，但如果仔细思考，你会发现一个问题。当他这样去想的时候，他反而可以得到一些心理安慰，他就可以心安理得地躺在出租屋里，心安理得地不去应对生活中的困难，他就不用再费尽心思寻找女朋友，不用再辛苦地工作，不用再面对工作中复杂的人际关系，不用再面对被女人拒绝时的尴尬和痛苦等。他不用再面对心智成长所带来的辛苦，也可以避免危险和痛苦。

也就是说，他沉浸在情绪化的自己里，完全是他自己的主动选择，并不全在于他的蒙昧无知。因为他的恐惧和懒惰，让他做出了这种选择。只有走出去，主动地去应对困难、解决问题，直面痛苦的情绪，他才能够在问题中获得成长，他的心智才会更加成熟，他的心灵地图才会更加完善。

上一节的第二个例子中，这位朋友带着主观的眼光，盲目地批判自己，盲目地给自己贴标签、下定义，沉浸在情绪化的自己里自我攻击，这是懒惰的行为。如此他就可以高枕无忧，敷衍自己了，他就有了逃避深度思考的借口，他就不用再费劲地自我觉察。有了"我是一个控制不住思想的人"这个标签，在面对心理困境时，他就不用再去努力思考，不用再忍受深度思考所带来的辛苦，而是寄希望于靠药物或道理就可以一劳永逸地解决自己的问题，这简直是痴人说梦。他不愿意深度地思考，不愿意进入观察性的自己，不愿意对自我进行全面深入的剖析，这是对自己极其不负责任的一种表现，这种不负责任一定会给他带来极其恶劣的后果。如果他能克服懒惰和恐惧，愿意忍受情绪及问题所带来的不适感，愿意承受深入思考所带来的焦虑和痛苦，他就可以进入观察性的自己，才有可能从根本上解决自己的问题。

我们一定要记得，心智的成长和问题的解决不是一朝一夕的事情，因为问题的形成和习性的养成需要经过长年累月的累积。想要解决问题，你需要付出努力，拿出足够的勇气，不断地去研究自己。这是需要一定的时间的，你不能依赖他人或某个奇迹。

斯科特·派克在他的书中说过这样一句话：心理疾病源于一个有意识的心灵拒绝思考，拒绝承受思考的痛苦。

观察性的自己的训练

如果你陷入了情绪化的自己，那么当问题无法解决时，情绪化的自己就会转过来想要消除情绪。于是你就会自我攻击，想要消除愤怒、沮丧、抑郁、悲伤、焦虑和恐惧等情绪，因为这些情绪让你痛苦。但当问题无法解决，情绪也无法消除时，你就会产生更多负面情绪。这时你的痛苦便会加深，当痛苦到一定程度时，你才有可能开始面对现实，观察性的自己才会苏醒。观察性的自己出现，它就会不断地反思。特别是当事件结束之后，观察性的自己可以让我们总结经验，深入思考，修正心灵地图中的错误，完善旧的自己，成就新的自己，让旧的自己再遇到类似的问题时，可以更加敏捷地做出反应。所以，想要进入观察性的自己并不容易，我们可能要经历很多次失败，历尽千辛万苦，才有可能成功地进入观察性的自己，并对自己进行有效的自我观察。

有时候我们唤醒了观察性的自己，开始审视自己的情绪及处境，但是如果这时受到了阻碍，便可能又会回到情绪化的自己，想要抗拒现实。你可能会在情绪化的自己和观察性的自己中来回打转。在长期的拉锯战中，需要你不断地努力，一点点地发现自己的问题，一点点地成长，才有可能成功地解决问题，处理好自己的情绪。所以，我们总是在情绪化的自己和观察性的自己中来回地切换，总是在失败和成功中不断地交替前行。但若一直不能很好地进入观察性的自己，深度思考，就会导致心灵地图与现实差距巨大。问题无法解决，很多人就会与情绪产生激烈的冲突，导致严重的情绪化，产生精神内耗，最终就会走向危险。

情绪化的自己总是在抗拒现实，任性而为，而观察性的自己总是在直面现实，自我反思。陷入情绪化的自己会导致你冲动行事，进入观察性的自己会让你冷静下来分析和处理问题。那么我们如何才能更好地训练自我观察的能力呢？如何才能够强化观察性的自己呢？

首先我们要知道，自我观察是每个人本身就具备的能力，但是能力的强弱主要取决于你的日常习惯。你习惯自我观察吗？

当遇到问题的时候，我们的第一反应往往不是自我观察，也不是审视问题，而是依据旧的自己的经验去解决问题。这是一种近乎本能的反应，是非常正常的，每个人都是如此。如果此时问题无法解决，我们就会产生一种愤怒和焦虑的情绪，这种情绪也是人的一种本能反应。情绪会促使我们抗拒问题和排斥已经发生的事实，这也是非常正常的。因为这不是你能决定的，而是由我们趋利避害的本能所决定的，同时，这也是一种存在性的必然冲突。相对于外在的世界，我们作为一个独立的个体，当遇到问题的时候，我们的主观意愿与现实不符，我们的心灵地图与现实世界存在冲突，旧的自己受到挑战，所以我们会本能地抗拒事实，保护自己，产生焦虑和愤怒的情绪是非常正常的。情绪的大小与这个问题的重要程度、急迫程度有关。问题对我们越重要、越急迫、越紧密相关，情绪就会越激烈，反之，我们的情绪就会越缓和。

我们的第一反应往往是基于旧的心灵地图的本能反应，虽然有时容易出现错误，但大多数时候，更有利于我们高效地应对当下的问题，这是我们的生物属性所决定的。就犹如被掐一下，你会感觉到疼，会本能地躲避一样。所以，这里重要的并不是第一反应，而是第二反应。第一反应是本能，我们无法抗拒，第二反应则是习惯，你的第二反应是什么样的习惯，将决定你接下来是鲁莽还是理智，是愚昧还是智慧。

如果你的第二反应依旧是抗拒和排斥，那么你就会进入情绪化的自己；如果你的第二反应是承认和接纳，那么你就会进入观察性的自己。这也就是生活中那些看上去更加理智的人与更加情绪化的人最大的区别。理智的人更习惯于承认和接纳现实，而情绪化的人往往更习惯于抗拒和否认现实。所以，你能否承认和接纳自己的情绪，能否提醒自己承认既定的事实，这就决定着你接下来是走向观察性的自己，还是陷入情绪化的自己。

遇到的问题让我们头疼，产生的情绪让我们难受，我们不喜欢烦人的问题，我们讨厌负面情绪，所以我们的习惯是抗拒和抵触。就像我们看恐怖片时，看到恐怖的画面，我们总会转过头或捂住眼睛，躲避那些恐怖的画面。电影中的恐怖画面对我们并没有实质性的威胁，可现实中的问题却不会轻易地放过我们，它会对我们造成实质性的伤害。如果你一味地逃避和否认问题，一味地抗拒自己的情绪，只会让问题搁置，让你的情绪恶化，让处境更加危险，你的心智也会走向愚昧和幼稚，甚至会停滞不前甚至退化。

所以，我们不能任由自己习惯性地排斥和抗拒现实中的问题，更不能任由自己习惯性地对抗情绪。我们要养成新的习惯，也就是不对抗情绪、直面问题的习惯。虽然我们的第一反应是抗拒，但是我们完全可以决定自己的第二反应。当你在生活中遇到问题的时候，你的第一反应是排斥和抗拒，但是没关系，你的第二反应可以是承认和接纳。你要刻意地提醒自己承认和接纳已经发生的事实，刻意地提醒自己承认和接纳自己的情绪，刻意地养成这种习惯。当你经常这样去做的时候，承认和接纳就会成为你的第二反应，甚至会成为你的本能，因为这种习惯已经深入了你的心灵地图之中，成为了一个新的标记。这个标记会在暗处影响你，这时你观察性的自己就会很容易出现，你就不用再与自己的习性作斗争。由此你不仅能够与自己的情绪和平共处，让自己更加心平气和，同时，你也能够更加理智地去面对人生中的各种问题。

当然，养成这个习惯一定是不易的。因为观察性的自己和情绪化的自己都是同一个自己的化身，你的意识会在它们之间来回穿梭。这两个自己会经常对话，比如情绪化的自己往往会被旧的自己中偏激的认知信念所影响，用一些标签和概念来强化自己，这个时候如果你观察性的自己不够强大，它就很容易被情绪化的自己所吞噬。所以，我们想要养成这个新的习惯，不仅需要付出极大的努力，克服懒惰和恐惧，还需要不断地学习和实践，以便扩展自己的认知，在挫败、自我怀疑、痛苦、醒悟和振奋中不断地成长，如此才能在旧的自己中形成新的自己，才能在旧的心灵地图中完成更新迭代。当新的自己逐渐形成时，你的反应就会趋于理智和冷静，你会更加智慧和清醒。

习惯是可以养成的，但是过去很少有人教授给我们这些知识。从现在开始，你就可以在生活中有意识地锻炼自己的这种习惯，锻炼承认和接纳的习惯，锻炼自我观察的习惯。

自我观察的训练也很简单，在日常生活中遇到问题，产生了不好的情绪的时候，先不要急着摆脱情绪和问题，在任何情况下都要养成承认情绪和面对问题的习惯。因为不论你是否承认，在现实中情绪和问题已经产生，这是不可改变的事实。先去承认情绪和问题的存在，然后观察和体会自己的情绪，并深度思考。养成这种习惯，并通过长期的训练，就可以在你的心灵地图中生成一个新的标记，一个善于自我观察的标记。

这其实就是一种自省的习惯，自省与自责不同，自省和自责进入的是两个完全不同的自己。前者进入的是观察性的自己，后者进入的是情绪化的自己。进入情绪化的自己后，如果没有观察性的自己指导，你就会盲目地情绪化，就会很容易误入歧途。

当然，不管是进入哪一种自己，每种自己都有它的使命和价值，我们大多数时候都在不同的自己中来回切换。其目的是让你产生适时的、更加合理的行为和反应，让心智更加成熟，让心灵地图更加完整，让人生更加顺利，让你更加适应这个现实世界。

心智成长四部曲

当遇到具体的情绪和问题的时候，我们就需要注意了。情绪的产生一定有它的原因，问题的产生也一定有它的客观规律。情绪是问题的警报器，问题就是我们人生的警报器。所以当我们出现不好的情绪和问题的时候，就意味着我们的心智需要成长了。我们心智的成长依靠的是观察性的自己，需要它对我们及客观世界进行深入的观察。其中具体的步骤，归纳总结如下。

第一步：承认和接纳

无论如何，我们首先要做的就是承认自己的情绪，接纳问题的发生。不论你曾经多么激动，多么情绪化，现在你应该开始面对现实。事实已经摆在面前了，问题确实出现了，情绪确实产生了，你此刻最需要的是面对它们，而不是不管不问。否则，会让问题搁置，让情绪积压，往往会导致你出现更大的问题，产生更大的情绪。

以我自己真实的经历举例，有一次我在一家修车店预约换轮胎，预约时间到了以后，我来到店里发现老板正在和他的几个好友喝酒。我本想过几天再来，老板却表示可以先帮我换轮胎，而后再喝酒，我同意了。在开始修车时，或许由于他饮酒的缘故，加上他着急回去喝酒，又或许是他性格的原因，我感觉他说话的语气让人很不舒服，态度一点也不和气，这让我感觉他很不尊重我，我的心里有些不快。但是我并没有表达我的不满，觉得可能是自己想多了，并且他又喝了点酒，着急回去陪朋友，可以理解。在修车期间他的态度一直如此，而我一直忍耐到最后。就在快结束时，我让老板帮我把备胎安装到原处，他的语气更加不好，他不耐烦地让我把车开到升降台上，这时我的心里也更加不爽，感觉快忍耐到极限了，但我还是忍住了。安装好备胎后，我希望他帮我的车胎充下气。于是他很不耐烦地拿起充气筒，对着轮胎随便打了两下。我的车子有胎压监测，我看到胎压一点没变，他明显在糊弄我，这让我彻底爆发了。虽然我没有大喊大叫，但是我开始刁难他，开始找茬，说话也变得难听。这时他反而表现得很克制，但我总是感觉还不够，还没有出够气，直至最后我把他激怒了，我们两个人差点动手。然后又轮到他开始难为我，我发现除了和他打一架，我没有任何办法，但理智还是让我克制住了自己。这一次我除了感觉异常愤怒，还感觉到了无奈，正是这种强烈的情绪慢慢地让我醒悟。

其实这件事情，没有谁对谁错，很多事情都是巧合。我找了一个不太正规的修车店，他又正好饮酒了，再加上他可能性格比较急躁，也不太善于处理自己的情绪，不懂如何处理与客户之间的矛盾，他的好友又在等待他把酒言欢，所以他特别着急，急切地想要回去。但我很需要他的帮助，需要他帮我换轮胎、安装备胎，需要他帮我充气，需要麻烦他的地方很多。这时，我们两个人的处境就发生了矛盾，我需要他在维修车间多花些时间，他则需要尽快离开维修车间。我心里对他的服务有一个标准，他自己却有着自己的一套标准。在客观的现实矛盾中，我和这位老板处理事情的方式不同，导致事情变得严重。

为何我最后会如此愤怒，甚至有些情绪失控？这里面有很多因素，其中最重要的一个是我最开始处理情绪和问题的方式——我习惯性地逃避问题，对问题视而不见，习惯性地压抑自己的感受，也就是不承认、不接纳情绪及问题。当我面对负面情绪时，我总是听之任之，又或者习惯性压抑情绪，等到无法抑制时，情绪就突然爆发。从小到大一直如此，这就是我的人生课题，我的这个人生课题一直存在，直到这件事情发生，我才真正开始有所意识。

当我在最开始感觉到被冒犯时，感受到愤怒时，我是怎么做的呢？我一直在欺骗自己。我骗自己老板并没有态度不好，是我自己想多了；我骗自己并没有遇到矛盾和冲突，是我自己想多了；我骗自己老板即便说话有些难听也可以理解，因为他喝酒了，因为他着急回去陪朋友等。我强迫自己要宽容和理解他，我甚至谴责自己太过狭隘。我一会儿生他的气，一会儿又生自己的气，我回避了问题，压抑了情绪。可是，自始至终谁理解我呢？我一直在压抑自己，一直在逃避自己真实的感受，我甚至谴责自己不够宽容。当我这样去做的时候，我便更加痛苦。

从一开始我就没有直面问题，更没有理解自己。事实是，老板确实态度不好，我也确实因为他的态度生气了，我的自尊心也确实被伤害了，我确实感受到了不被尊重和不被认可，他的服务确实让我相当不满意。这就是我最真实的感受，我不能对这个真实的自己视而不见，我必须解决所遇到的问题，我必须理解自己，我必须直面问题，承认和接纳自己的情绪。否则，对问题的逃避，对自己的压抑，就必然会导致我负面情绪的爆发。

在生活中你会发现一个有趣的现象，当我们心情好的时候，我们不太容易生气，我们的心胸会更加宽广，我们更容易宽容他人，也更能够包容自己。但是，当我们心情不好的时候，哪怕是一丁点事情，也会激怒我们。所以，当我们能够理解自己，能够接受和承认自己的情绪，不再排斥它们，不再给自己附加更多的压力时，我们的心情就不会太过糟糕，我们就会很自然地对他人有更大的包容之心。

所以在生活中我们一定要直面问题，及时地承认和接纳自己的情绪。只有承认和接纳了情绪，你才能触摸到最为真实的自己，你才能够知道自己遇到了什么问题，才能体会到当下真实的自己的感受。这时，你才能够感受到自己被理解，你就不会有过多的精神内耗，你才能够拿出更多的精力去处理问题，你才有可能真正地进入观察性的自己，去发现问题，并解决问题。

第二步：安抚和观察

当你决定承认和接纳情绪及问题的时候，你的观察性的自己往往就会出现，这时你就可以进行自我观察，释放情绪，并找到诱发情绪的深层原因。

自我观察分为两步。

第一步，安抚体会：宣泄你的情绪，安抚你的情绪，观察你的情绪。

情绪仅仅是一种感觉而已，它只是一个警报器，并不是问题。它没有对错之分，只要情绪产生了，就一定有它的原因。顺着这个情绪，你可以找到最真实的自己，并发现其中的问题。

首先，要及时地宣泄一部分情绪，这样才有助于观察性的自己的出现。就像我的修车经历，当我感觉愤怒的时候，与其过分地压制，不如适当地发怒，哪怕是用语言直接地表达愤怒，也比完全地压抑自己的情绪要好得多。我甚至可以对着空气挥舞拳头，又或者当场表达出自己的不满等，都可以，最主要的是先释放一部分过强的情绪。否则，如果我盲目地压制自己的情绪，就只会让情绪更加猛烈。这时想进入观察性的自己就会相当困难，因为情绪化的自己太过强大，它充满了负面情绪。

其次，要适时地安抚自己的情绪。情绪是问题的警报器，情绪产生时你的身体就会产生应激反应。你可以先试着用手去抚摸自己的身体，抚摸不舒服的部位，让你的血压和心率，以及那些刺激你的激素慢慢降下来。同时，你要真心地同情自己。负面情绪已经产生了，你身体的应激反应也已经产生，你已经很不舒服了，已经很不容易了，你要理解自己。你并不想发怒、嫉妒、自卑、焦虑、恐惧等，这不是你能决定的，而是客观存在的事实，是你当前真实的旧的自己的状态。你趋利避害的本能，你内在的心灵地图，导致了你必然产生情绪。所以无论如何你要先同情自己，切记不要责备自己，要一边安抚自己，一边理解自己，就像父母对待自己的孩子一样。然后你会感觉自己真的像个孩子一样，你在母亲的怀抱中备感安全和温馨，在母亲的喃喃细语中慢慢地恢复了内心的平静。

最后，试着体会和观察自己的情绪。这时不再只是安抚和同情自己，而是真正地去体会自己的感受，观察自己的情绪。我的情绪是什么样的，是愤怒，是焦虑，是恐惧，还是沮丧？当我产生情绪时，我的感受如何？情绪都流经了我身体的哪些部位，存在于什么地方？然后继续用手安抚它，感受它，同时去看看这个警报器的样子，了解它的声音，它的频率，也就是体会你的情绪本身。

第二步，深入观察：在自己的身体之外，深入地思考问题。

对于如何深入地、正确地自我观察，前文已经讲过。还是以修车事件为例，现在来看事情的前因后果就非常清晰了，这其实是我观察性的自己在起作用。但在事件发生过程中，完全是我情绪化的自己在起作用，它受旧的自己中心灵地图的影响，产生情绪化的应激反应，并不断地与情绪和问题作斗争。情绪化的自己感受到的是对方不尊重我、看不起我，对我很不耐烦。我心里一直压着一股气，直至最后彻底爆发。在事情发生时，观察性的自己几乎不起作用，虽然当时我也会想到某些客观因素，比如对方饮酒了，着急了，但是面对他的不尊重我的态度，我还是非常气愤，我无法原谅他，但又无可奈何。

这件事情已经过去很久，如果我耿耿于怀，只会让自己陷入痛苦的情绪之中，没有任何好处。因为我无法回到过去改变当天的情景，我无法改变他的性格，我也无法改变我那天的行为。但是，通过这件事情，我获得了很多经验，我更加清楚地认识了自己，认清了现实的规律。我能够修正旧的自己，修正旧的自己中心灵地图里的错误，让我的心智获得真正的成长，让我看清真相，学会本领，成长自我。

我们来深入地观察一下这件事情。这里面的关键就是我的愤怒，这个情绪是一个事实，它产生于我真实的感受。我确实愤怒了，这是基于旧的自己而引发的愤怒。那我为什么愤怒呢？

首先，因为在对方的话语和行为中，我感受到了不被尊重、不被重视，自尊心受到了伤害，所以我被尊重的需求没有得到满足；其次，我心里对他的服务有一个标准，当我发现他的服务远远不及我的期待的时候，主观意志与现实不符，这就激起了我内心极大的情绪，这是由于意志的冲突而导致的一种存在性的必然冲突；最后，我需要他帮我换轮胎、充气，我有很多实际需求需要他帮我解决，这是现实问题需要得到解决的需求。对于这些冲突，我不知道该如何表达；对于这些问题，我不知道该如何应对。当时的我并没有认真厘清这些，我没有明确自己的需求，不能接纳自己的情绪，更不知道该如何处理这些问题，而是搁置问题，对抗情绪。正巧，我碰上了一个和我差不多的人，他又喝了酒，于是在众多被搁置的问题和积压的情绪中，我们两个人彻底爆发了。

起初我就感受到了他的不耐烦，他的态度和行为就在给我传递一个信息：少啰嗦，少提要求，我要赶快去喝酒。所以当我需要他的帮助时，我会很焦虑，因为我感觉他比较强势，我担心他会因为我提出要求而恼火。我害怕发生矛盾，我害怕他会生气。但是我又不得不提出这些要求，我急需解决车辆的问题，这种担忧就引发了我更多的焦虑。当时的我只有非黑即白的极端想法，这就必然导致了我情绪的恶化。我当时的内心一团乱麻，并没有保持一种解决问题的心态，反而沉浸在情绪化的自己中。在赌气的心理作用下，我产生了应激反应，我完全被恐惧、焦虑和愤怒所裹挟，被旧的自己中那些固有的认知信念所裹挟，被旧的心灵地图中的各种身份所裹挟。所以，我当时沉浸在情绪化的自己中，根本无法解决问题。我渴望被尊重的需求没有得到满足，自我的意志与客观现实之间的冲突也没有得到解决（我的过度以自我为中心的想法不断膨胀，导致主观的自我更加愤懑）。现实中关于车辆的问题没有很好地解决，于是焦虑混杂着愤怒，恐惧混杂着担忧，我就跟随着自己的情绪做出了情绪化的应激行为，最终两个人差点打起来。

其次，有时情绪的爆发，往往并不是只由当下这一件事情引发的，或许你早已在心中积压了太多的问题和情绪。问题悬而未决，情绪一直堆积，此时遇到的问题只不过是一个导火索，你的情绪顺势就彻底爆发了。比如，由于那时的我不善于处理问题，不敢承担自己行为的后果，所以我不敢作出任何决定，总是被动地忍受和等待。过去，在人际关系中遇到冲突与矛盾时，我总是想要退缩，总是那个选择主动退让的人，总是那个害怕作出决定的人。我知道自己不能很好地维护自己，不能很好地应对问题，我不相信自己的能力，我害怕承担不好的后果，我缺少那种哪怕惹怒对方，也要从容应对的方法。我不敢为自己的选择负责，我缺乏承担责任的勇气，我总是想让所有人都满意，我害怕得罪人，我充满着既要、又要的矛盾心理，总是什么也不想失去，总是依赖于别人的恩赐。所以我既愤恨对方，又对自己不满，我充满着怨恨的心理。我自己的需求在人际关系中长期无法获得满足，我的内心就会因此而感到自卑，并不断地积压怨恨的情绪。我习惯压抑自己的情绪，习惯等待别人替我承担责任、做出选择，习惯被动地等待问题自行消失……所以我总是挫败，总是焦虑，总是愤怒。在生活和工作中，我积累了太多的负面情绪，它已经成为我的痛苦之身。这个痛苦的身份感受不到被尊重，总是感受到不公和被伤害，当我认可它的时候，哪怕一个小小的事件，都可能会激发我狂暴的情绪。我的这个痛苦的身份，已经积聚了巨大能量。修车店老板只不过是一个导火索，他只是激发了我积压已久的愤怒情绪，触发了我的痛苦之身，所以我们最后的争吵才会如此激烈。

  我当时看似强悍，其实体现的是一种弱者心理，是对自己无能的愤怒。我不知道该如何更好地处理这些让人焦头烂额的问题，不知道该如何满足自己的需求，不知道该如何处理与别人之间的矛盾，不知道该如何坚持自己，不知道该如何更好地化解自己的情绪，不知道该如何与自己相处。我不敢为自己负责，这些都是我耽搁已久的人生课题。这一次的冲突给我敲响了警钟。当时的我要么把责任完全归咎于对方，要么把责任归咎于自己，一会儿责备别人，一会儿谴责自己。我只是跟随情绪产生应激反应，我逃避问题、躲避危险、回避责任、压抑情绪，所以最终才会歇斯底里。一个心智真正成熟的人，一个能够为自己负责的人，不会过于情绪化，而是会把精力集中于问题本身。他不会去责怪别人，而是会习惯性地承担自己的责任，站在一定的高度处理问题，让其中的每个人都尽可能受益，感受到被关照，而不是过度以自我为中心，粗暴地打压某一方，帮衬另一方，不尊重别人，不尊重客观规律。这才是一种成熟且负责任的处理问题的方式，才能尽量让各方放下争议，才能解决问题。仅考虑自己的情绪和需求，是一种情绪化的行为，是一种不负责任的行为，是一种小孩子的行为，这种人往往难以处理人际关系中的矛盾与冲突，更难以服众。

  通过这件事情，我开始有意识地去学习，在人际冲突中更有效地沟通和协商，更好地坚持自己，像成年人一样与别人坐下来解决问题，承担自己的人生责任。今后，我也会及时释放负面情绪，及时安抚它们，及时发现问题、面对问题、解决问题，找到真实的自己，触摸自己的心灵。这样我才能够更加清楚地认识到客观世界中的规律，发现那些影响我的各种角色，认清现实、找到自我，在旧的自我的基础之上，通过自我观察，不断成长，越发成熟，不再总是与客观世界对抗，不再总是与自我对抗。

第三步：理解和容纳

当你做到以上这些时，你还是会痛苦，还是会焦虑，还是会愤恨，还是会嫉妒，你还是会有各种各样的负面情绪，没关系，你要同情它，理解它，容纳它。

在目前的状态中你就是会产生这些情绪，这是一种自然现象。就犹如刮风时树叶会动，我们不能期望所有的树叶都安静地待着，动是它们的自然规律。人有趋利避害的本性，我们本身就是情感动物，我们会有各种情绪，这再正常不过。我们不能要求自己没有任何情绪，那和死物无异。我们只需要化解不必要的情绪，让心智慢慢成长。如果暂时化解不了，我们也要在心里给它留出足够的空间，让它安然地待在那里，哪怕它还是会影响到我们，我们也要安然地接受这种影响。你只需要默默地让自己成长，等心智足够成熟时，你自然会平和许多。

就像修车事件中的我，由于当时的我不善于沟通和处理问题，不善于处理自己的情绪，认识不到影响情绪的心灵地图中的各种身份，更不用说深入地自我观察了，所以我会产生比较大的情绪，这很正常。即便我善于沟通和处理问题，善于处理自己的情绪，我也能够自我观察，但是，我还是会有各种各样的负面情绪，这很正常。就像此刻的你，你可能暂时还是无法做到全身心放松，但是没关系，你要给不平静留出空间，给情绪留出空间。情绪就像被吹起的气球，我们不能盲目地把它放在一个狭小的盒子中挤压它，而是要把气球从盒子中拿出来，放到更大的空间当中，转移到更空旷的野外，给它留出足够的空间。你的心量越大，气球（情绪）对你的影响就越小。最终由于你创造出足够的空间去容纳气球（情绪），你最后甚至都看不到这个气球（情绪），它就如同地上的小蚂蚁。

此时的你，可以把自己的心想象成一片无边无际的大海。海平面突然出现一条受到惊吓的小鱼，它跳了起来，而后又潜入水底，留下了一圈圈的波纹。其间你受到了影响，起初你成为了那条小鱼，而后又成为了波纹，最后开始慢慢地升入空中，由近及远，视野越来越开阔，波纹越来越渺小，直至消失不见。

你要接受所有的情绪，将它容纳在你的心灵空间中，最终它会消失在你广阔无边的心海里。

第四步：心智的成长

这一步即心灵地图的成功修订。

你形成了新的、正确的、客观的认知信念，形成了新的、正确的、客观的角色身份，你学会了本领，认清了现实，你的心灵地图更加符合客观世界，你能更好地处理外界的问题，也能很好地处理内在的问题。你内在的关系非常和谐，与外界的关系也非常融洽。

当然，心智最终的成长需要你付出极大的努力，知行合一，不断地去学习、实践，直至把经验和知识内化为你潜意识里心灵地图中新的标记。就像我修车的经历，在自我观察中我认清了现实，触摸到了真实的自己，找到了问题所在，并通过一次次的学习和实践，学会了沟通，学会了协商，学会了在冲突中坚持自己，学会了更好地处理人际关系中的冲突与矛盾，学会了处理自己的情绪，学会了与自己相处，学会了为自己负责，不断地在内省中进一步锻炼了自我观察的能力，最终让心智更加成熟，让人格更加独立。

人生是一个不断成长的过程，是一个不断遇到问题并解决问题的过程。你只需保持开放的心态，等待着下一个问题的出现，继续你的心智进化之旅，继续净化你的心灵。

5

第五部分

珍贵的品质

同情：一个能够给予人力量的品质

同情是一个能够给予人力量的品质。

在这里我们所要讲的同情，主要是指对自己的同情，也就是自我同情。为什么要强调自我同情呢？

当我们被别人同情时，如果这个同情是合理的，我们不仅可以获得实质性的帮助，同时我们的心理上也可以获得满足。我们可以感受到被尊重和理解，感受到被接纳和认可，我们的情绪可以很快得到安抚，我们的内心可以快速恢复平静。同样，当我们同情自己的时候，我们就会尽力地帮助自己，我们就可以与自己和解，感受到被接纳和认可，从而安抚自己的情绪，增加自己的勇气，消除自我内耗，重新恢复内心的力量。所以一个能够同情自己的人，就可以很好地鼓励和帮助自己，可以很好地体察自己的情绪和需求，可以很好地处理自己与自己的关系，可以给自己带来温暖和力量，让自己的内心更加强大。

假如一个人总是不开心，总是情绪低落，容易自责，非常自卑，负面情绪极多，说明他平时极少自我同情，他更多的是对自己的不理解，对自己的不接纳，对自己有各种要求。一旦没有达到要求，他就会不断地责备自己。他的当务之急，就是要意识到自己对自己的苛刻，慢慢地学会自我同情。

自我同情不是自恋，而是一种客观的、充满爱意的心理。处在这种心理中的人，能够理解自己、宽容自己、鼓舞自己，能够客观地看待自己。而自恋是一种盲目的、主观的、以自我为中心的心理，处在这种心理中的人，总是在针对自己，他自大、专横、自卑、敏感。他是矛盾的，他不能客观地、全面地看待自己，所以会产生焦虑和恐惧。

曾经有朋友问我，如何才能让内心变得更加强大？是不是要让自己更有主见或更有实力？我的回答是否定的。一个人因为有实力才内心强大，只能说他是在某个瞬间内心比较强大，他的这种强大反而是一种怯懦。他此时的自信依赖于外界的支撑，但外界瞬息万变，所以如果他依赖于外界的事物，他其实就恰恰选择了怯懦。比如，当他遇到比自己强的人或遭遇失败的时候，他丧失了自己所依赖的东西，他的内心就开始崩溃，他就不再强大了。我们此时要关注的，不应该是内心强大后所展现出的结果，比如更有主见或拥有财富，而是要看到内心强大背后的原因。一个人如果总是要强，无法容忍自己的脆弱，那么偶尔的失败也会导致他情绪崩溃。看一个人内心强大与否，不是看他身处顺境时的表现，而是看他身处逆境时的表现。顺境时内心强大不叫强大，逆境时内心强大才是真正的强大。那么在逆境时，我们如何才能保持内心的强大呢？那就是要自我同情。

试想，如果一个人遇到一点挫折，就开始否定自己、责备自己，认为自己无能、懦弱、愚笨，他就会处在情绪极其低落的状态，他就一定会焦虑、恐惧、不安。焦虑和恐惧等负面情绪所带来的不好的情绪体验就会让他产生极大的痛苦。出于趋利避害的本能，他就不敢面对现实。一个不敢面对现实的人，怎么可能内心强大呢？盲目地否定和责备自己其实是一种过度自恋的行为，而非自我同情。他过度地关注自己，充满偏见，看不到外在世界的客观因素。他难以尊重规律，他不关心外界，他总是针对自己。这种人在身处顺境之时，就会得意忘形、狂妄自大，认为所有的功劳都是自己的；在身处逆境之时，就会自怜自艾、自暴自弃，将所有的罪责归咎于自己。

这就像一个小朋友，他的父母非常严苛，当做错事情时，他就会受到父母严厉的批评。每一次批评都会给他造成一定的精神压力，让他情绪低落，充满恐惧与焦虑。在这种焦躁和不安的痛苦情绪之中，他最先想到的就是逃离。他不敢再向父母表达自己真实的想法和感受，总是会欺骗他们。长此以往，最后他就会欺骗自己，他自己都不再相信自己的感受和想法，不再相信自己的需求和愿望，他会变得极其不自信，他也不敢直面现实中的问题。于是，他丧失自我成长的机会，得不到应有的锻炼，也就更做不好事情。由于做不好事情，他就又会遭到父母严厉的批评甚至打骂，他的负面情绪就会进一步恶化。长期处在这种状态之下，就会给他造成极大的精神压力，甚至导致抑郁。一个精神压力大、抑郁的人，他的内心怎么可能强大呢？

　　回忆一下儿时的自己，当父母失去耐心，这样对待你的时候，你是不是也是这样一种状态呢？你还能否充满信心地去做好一件事情呢？你还有勇气面对现实吗？那时的你，双脚就好像被拴上了千斤重的脚链，你一边听着父母的怒吼，看着他们充满哀怨的眼神，一边自我怀疑。你动弹不得，在面对现实的问题时，你已经不是一个积极主动、充满热情的人了，而是一个冷漠、自卑和敏感的人。你可能会撒谎成性、意志力薄弱，没有了主见，失去了完整的自我。长此以往，你又何来内心的强大呢？

　　当你遭遇失败的时候，当你害怕的时候，当你能力不足的时候，你不能一味地责备自己、批判自己、否定自己，而是要同情自己、理解自己、体谅自己。这样你就不会因自责而产生过多的负面情绪，你的内心就可以强大，你也会拥有足够的勇气去面对现实。你就不会像那个经常被父母责骂的小朋友一样，由于惧怕父母的批评和责骂，而总是撒谎成性、逃避现实。因为你知道，你的爸爸妈妈不会责备你，而是会理解你、同情你，并且鼓励你、帮助你，与你一起去面对人生中的困难和问题，助力你改变自己。

对待自己就要这样，我们要理解自己、同情自己、鼓励自己、帮助自己。面对受挫的自己，我们要像安抚受到惊吓的婴儿一样，抱抱自己，亲亲自己，爱抚自己，给自己温暖和爱，让自己重新焕发生命力，如此你的内心才会更加强大。

一个人在成长的过程中，最重要且最宝贵的品质便是自我同情。一个能够自我同情的人，他内心的力量将会极大。只要你拥有了这种品质，你与自己的关系就会升入一个更高的阶段，一个充满爱与包容，充满力量与温暖的阶段。你就可以与自己和谐相处，你就获得了拯救自己的力量，你就可以在绝望中寻找希望，在寒冷中获得温暖。这就是自我同情的力量，它可以让你的内心更加安定，更加强大。

看完这一节，如果你感觉自己还是无法做到自我同情，没关系，现在正是你锻炼的好机会。

真实：一碗苦口的良药，也是一剂猛药

小孩子是最真实的，在大多数时候，他们想哭就哭，想笑就笑，哪怕是嫉妒也会毫不掩饰地表现出来，就算是撒谎也会带着天真的味道。他们特别真实，不会过度地压抑自己，所以他们活得非常自在，他们的情绪就像滔滔江水一泻千里。由于这种真实，孩子们互相之间可以感知到对方的喜怒哀乐，他们很清楚对方的边界，所以他们往往可以快速地建立友谊。他们翻脸很快，和好也很快，他们很容易冰释前嫌。这就是真实的魔力。

但是，随着年龄的增长，我们开始脱离父母的保护，独自面对自己的人生，在生活中不断地遭受打击。就这样，我们慢慢地不再愿意表达自己真实的感受，我们越来越封闭，越来越害怕展现真实的自己，我们开始给

自己戴上面具。我们害怕别人看到自己的脆弱，害怕别人看到自己的不堪，害怕别人看到自己内心阴暗的一面。我们甚至连自己都害怕看到自己真实的样子，我们不愿意面对自己的脆弱、不堪和阴暗。我们不接纳自己，不断地和自己作斗争，不承认自己的天性，不承认自己的本能，不承认自己的感受，不承认自己的情绪，不断地压抑它们，以至于产生严重的自我内耗。最终我们的生命力消耗尽，我们活在虚假的世界里，内心的天空一片灰暗，失去了完整的、真实的自己，再也感受不到真实世界的蓬勃生机。

回想一下，长大以后，你是不是经常戴着面具呢？你是不是经常掩饰自己呢？你是不是经常和自己对抗呢？你是不是经常责备自己呢？你是不是经常压抑自己呢？你压抑自己的本能，对抗自己的情绪，掩饰自己的缺陷，否定自己的阴暗面。起初，你是做给别人看的，最后连自己都信了。你急于摆脱它们，不能接纳完整的自己，你把自己分成两半，你抱着那个受欢迎的自己，丢下那个不被接受的自己，在恐惧中向着虚假的世界不断狂奔……

记得有这样一句话："将内心呈现出来，它将拯救你；如若不然，它将摧毁你。"

真实，意味着接纳，接纳就意味着你不会再掩盖、对抗和逃避。这里没有阴谋，只有真诚，这里不再隐藏矛盾与冲突，而是暴露一切。真实和坦诚给你带来了平静与安宁，这里所有的一切都是自然地发生的。所以，真实能治愈我们，它就像阳光一样，可以驱散黑暗，照亮你的内心世界，让你重新焕发生机与活力，让你的内心春暖花开，让你感受到阳光般的温暖与爱，让你的内心回归平和。

虽然真实有诸多好处，但是绝对的真实有时是要付出代价的。就像阳光一样，虽然阳光可以给我们带来温暖，但有时光线太过强烈，难免会灼伤我们。真实亦如此，如果一个人太过真实，就不免会伤害到他人，抑或是自己。比如，如果一个人毫不掩饰内心的想法，他的言语就可能伤害别人；如果一个人毫不掩饰自己的脆弱，他就可能被别人取笑；如果一个人毫不掩饰自己的阴暗面，他就可能被排斥在群体之外……在恐惧的作用下，我们离真实越来越远，戴着面具，虚伪地掩饰着自己，这成为大多数人习以为常的做法，因为只有这样才能感觉更加安全，才可以规避很多危险。

虽然远离真实会减少伤害，但是，过度地逃避真实，也一定会付出惨痛的代价。一个不真实的人，长期处在虚假之中，就会远离真实的自己，远离真实的世界。他会逐渐失去感受真实世界的能力，他的世界将会慢慢失去色彩，变得空洞、灰暗、压抑和冰冷，那是一个虚假的充满阴霾的世界。

由于失去了真正的自己，你便与这个世界断了联系。我们体验世界靠的不是思维和概念，而是你这个生命体，你这个真实存在的生命体，你这个被大自然赋予了五官和神经的生命体。通过它们你可以感受到这个真实的世界，从而体验它的五彩斑斓与勃勃生机，这里纯粹、真实，没有修饰，没有掩盖。倘若你指望用头脑里的概念或虚假的自己去体验这个世界，那是万万不能的，因为它根本就没有体验这个世界的能力。如果你被它所俘获，那么你将如同行尸走肉，没有了灵魂，失去了大自然所赋予你的能力。你此时既感受不到快乐，也感受不到痛苦，如同一株根系已经枯死的植物，身体虽然还活着，但精神已经枯萎。

所以，我们既不能太真实，也不能太虚伪。太真实会有危险，既可能伤害别人，也可能伤害自己；太虚伪也会有危险，会让我们失去快乐，让我们主动放弃感知大千世界的权利，得不偿失。

虚伪的场景非常常见，几乎存在于我们每个人身上。比如，我们在公共场合不小心摔倒，虽然很疼，但我们会马上爬起来，忍着剧痛强装镇定，让面部表情尽量保持平静，就好像在通过行为告诉身边的人：我没事，这点小事不算什么，不要大惊小怪。其实，你是害怕出丑，害怕别人说你脆弱，害怕别人说你笨。只有在没人的时候，走到某个角落，你可能才会龇牙咧嘴地揉搓疼痛的部位。更有甚者，即便在没人的时候，他也不允许自己喊疼，他觉得这是一种脆弱的表现，他会看不起自己，会责备自己。他把真实的自己无情地丢弃在冰冷的地面上，看着它痛苦地挣扎，心里还在暗暗地责骂它。他不能接受真实的自己本能的疼痛，他与虚假狼狈为奸，压抑着真实的自己。

  试想，假如这件事情发生在一个小朋友身上，会怎样呢？如果真的很疼，他会自然而然地哀嚎，他会寻求大人的安慰，他会得到应有的关爱。他甚至会哭泣，他会在哭泣中得以释放，会在大人的怀抱中获得疗愈。他既不会和自己斗争，也不会和他人斗争，他会很自然、很真实地接受这一切，并让真实疗愈伤痛。

  当然，我们并不是说要让大人也像孩子一样，而是要真正地领会"真实"所带来的疗愈的力量。

  为什么孩子可以嚎啕大哭，而成年人就不可以呢？因为我们会说：这么大个人了，还害怕疼吗？这么大个人了，走路还会摔倒吗？这么大个人了，真够笨的……成年人头脑中有着根深蒂固的观念：大人不能哭，男儿有泪不轻弹等。同时，我们生怕别人看到自己不够坚强的样子，害怕会被欺负，所以我们咬着牙强装坚强。但就是这种要强，会让我们很容易失去自己。我们会对别人撒谎，也会对自己撒谎，我们甚至不敢面对自己的本能，不敢面对真实的自己。

  成年人的世界，总是有着太多的限制，如自我的限制、世俗的限制、各种规则的限制等。如果暴露脆弱，我们往往会遭到嘲讽，所以我们并不能完全地随心所欲。不小心摔倒这件事情，我们的年龄就决定着我们应该作出何种反应，大家对于成年人的反应和孩子的反应的心理预期往往不同。所以，我们既不能肆无忌惮地表达自己的疼痛，也不能过于虚假地掩饰自己的疼痛。此刻我们要尽量显示出大人应有的克制，同时，也要合理地表达出自己的感受。我们既也不能太过克制，也不能反应过度，过度克制会让自己痛苦，纵情释放也会遭到周围人的鄙夷。痛就是痛，不痛就是不痛，我们完全可以正常地、合理地表达出我们此时此刻的真实感受。这样的话你既可以得到别人的同情，也能感受到真实的自己，你既抚慰了自己，也保护了自己。

注意，我们不完全地表现出自己的脆弱，不意味着你要否认自己的脆弱。脆弱是我们的正常反应。比如，我们摔倒了会感觉到疼，虽然在众人面前我们会适当地隐忍，但是隐忍并不代表你否认疼痛的存在，疼痛的存在才说明你的神经一切正常。同时，你也要承认自己虚伪的部分，你为了自我保护而选择了隐忍。承认虚假，也是一种真实，这是对自己的诚实，这种诚实会安抚你的内心。所以，我们既要承认自己的脆弱，承认自己的隐忍，也要承认自己的虚伪，如此全面客观地看待自己、接纳自己，才能照见真实的自己。你是真实的，你看到的世界才是真实的，在真实中你就会得到很好的疗愈。

再如，当你要上台演讲的时候，你非常紧张，但由于害怕大家的嘲笑，担心别人看不起你，所以你故作镇定，假装泰然自若，仿佛在告诉台下的所有人，你一点都不紧张，一点都不害怕。可是，你那颤抖的手、颤抖的腿、颤抖的声音骗不了大家，你那词不达意、断断续续的话语骗不了大家，更骗不了你自己，最终你会因为与真实的自己进行对抗而引发更大的焦虑。那些更为真实的人，他一上台就告诉大家自己非常紧张，他不会过分地掩饰自己，这种真实，反而缓和了自己与自己的冲突。他没有压抑真实的自己，没有拒绝真实的感受，他让自己的情绪和感受像流水一样自然地流淌，他卸下了厚重面具，放下了心里的负担。真实，让他内心安定，让他减少了自我内耗，让他拥有了更多的精力专注于演讲。

所以，掩饰自己，并不意味着万事大吉、高枕无忧，这种虚假的掩饰，即便可以骗得了别人，但永远骗不了自己，这会让你心虚，让你更加焦虑和恐惧。长此以往，你便会失去真实的自己，你会罔顾事实，你会认为自己一开始就应该可以做好演讲，认为自己不应该紧张，认为自己不应该焦虑。可是，现实中真实的你对于演讲就是不够熟练，你暂时还不能做好演讲是事实，也是一件很正常的事情。你只需要继续学习，直至自己心智足够成熟，直至你的演讲更加熟练。否则一味地打压真实的自己，会让你的内心与现实产生激烈的冲突，在这种自我内耗中，你的精神会愈发紧张，就更无法从容地演讲了。

真实，不仅可以化解你的各种负面情绪，优化你与自己的关系，同时，还可以优化你与群体中其他人的关系。

我们不够真实，不是我们喜欢撒谎，而是因为我们害怕受到伤害。由于成年人见多了欺骗与背叛，经历了太多的欺凌与压迫，遭受了太多的不公，见识了太多的黑暗，加之人与人之间有着各种利益上的冲突，所以，我们难免会有顾虑。为了避免与他人发生冲突与矛盾，为了避免自己受到伤害，礼仪便诞生了，社会中形成了一种公认的社交礼仪。在与他人初次见面时，我们总是彬彬有礼，不会暴露真实的自己，避免太过鲁莽而与他人发生冲突。你会发现这是人们共同的特点，不分种族和国家，虽然具体的礼节有所不同，但是对待礼仪的态度及礼仪的作用是相似的。

礼仪是在社交中减少冲突的一种试探性的交往方式，是为了缓和两个陌生人在社交前期潜在的冲突。礼仪本质上是一种善意的面具。适当的礼仪有助于关系的建立，但是有的朋友习惯性用这种表面的社交礼仪过度地压抑真实的自己，与任何人交往，不论交往多久，总是过于礼貌，过于客气，这就会造成非常大的弊端。为了暂时回避因个体差异所带来的矛盾，两人之间会比较礼貌，这很正常。但如果两个人想要更深入地交往，就必须逐渐地卸下脸上和心中那个厚厚的面具。只有两个人真实地把自我暴露在对方面前，他们之间才有可能产生真正的情感连接。否则，我们与他人所建立起来的情感关系就犹如镜中花、水中月一般，经不起一丁点风吹雨打，一触即碎。在这种关系中，你丝毫感受不到安全与温暖，你闻不到镜中花的香气，你也感受不到水中月的温度，你们的身体距离近在咫尺，你们的心灵距离却相隔万里，你会备感孤独与凄凉。但即便如此，很多人依旧不敢打破这个虚假的幻象。

其实你的虚伪，反而会让你失去更多。因为你不真实，你便无法和别人建立真正的情感关系，你们无法心心相印，你感受不到快乐。你总戴着面具，别人看不到真实的你，你也无法用真实的自己去感知别人，甚至连你自己都看不到自己真实的样子。你与自己的关系异常冷漠，你活在虚假之中，与冰冷的盔甲和面具相依相伴。

良药苦口，真实会给你带来救赎。它会把你从虚假之中拯救出来，会把你从压力之中解放出来，会把你从焦虑之中拖曳出来。它会让你战胜恐惧，让你在混乱中走向平和，在矛盾中走向和解，在冲突中走向共赢，最终让你照见真实的自己。由此，你的心灵便会得到疗愈，你会切实地感受到真实的爱与温暖，你会真正嗅到大自然的芬芳，感受到阳光的温度，你再也不会受头脑里因过度恐惧所幻想出的规则的奴役，你自由了。

无论如何，你都要让自己尽量真实。当然，真实不意味着就要和别人抬杠，真实不意味着就要挖苦别人，真实不意味着就可以不顾及他人的感受。真实的前提是尊重、理解、包容、开放与爱。我们不惧怕矛盾与冲突，我们可以直面它们，我们可以容纳彼此的不同。同样，我们也可以容纳真实的自己，容纳那个不完美的自己。我们要接纳自己的优点与缺点，接纳自己的坚强与脆弱，接纳自己的完美与缺陷，接纳自己的成熟与幼稚，接纳自己的光明与阴暗。我们要接纳自己人性中善的一面，接纳自己人性中恶的一面；接纳自己真实的一面，接纳自己虚伪的一面……我们统统都要接纳，因为正是各种各样的不完美，才成就了完整的你。如果只接纳一面，而拒绝另一面，你的心理会变得扭曲。唯有接纳一切，才会让你接近真实，而真实会让你获得疗愈。

在生活中，你要意识到自己的不真实，因为它无处不在，随时可能出现。当你开始出现虚伪的一面时，是有信号的，情绪警报器会及时通知你。比如，你会开始变得焦虑、变得烦躁等，这些情绪的信号，都是在提醒你，你开始变得虚伪了。当然，哪怕是虚伪的自己，你也要在心理上接纳它，承认它的存在，因为它的存在是一种事实。当我们接纳和承认这一切时，我们的内心就会和现实保持一致，我们的生命之河就是畅通无阻的，你就会获得疗愈。

真实，是一碗苦口的良药，也是一剂猛药。当你接受真实的一切时，你就可放下斗争，放下焦虑，放下恐惧，放下一切的不安。

请摘下自己的面具吧，让真实来疗愈你。

中庸：让你更加智慧，接近圆满

中庸，在这里有两层含义，也可以说两种境界。

第一层：不偏不倚、中正平和，不极端的状态。

第二层：完整的、多元的、全面的、动态的、客观的、复杂的、更真实的状态。

第一层意思很好理解，但是要做到并不容易。因为我们喜欢主观地去看事情，充满偏见，我们热衷于非黑即白、非此即彼的思想。比如这个是坏人，那个是好人；这个是对的，那个是错的等。这样我们似乎能节省更多的精力和时间，不用深入地思考和研究，就可以轻易得出一个结论。虽然更省时省力，但是它会把我们带向危险。这时，就需要用你那个观察性的自己，去深入地观察和思考，才有可能把你自己从狭隘、极端和偏见中拯救出来。

中庸之道的第一层境界是一种不偏不倚、中正平和的状态。但是你永恒地处在中庸的状态中，本质上也是一种极端。

我们以人与人之间相处的过程来举例。

当我们与他人初次相见时，我们往往是彬彬有礼的，我们会尽量避免冲突与矛盾。这时我们更像处在一种虚伪的状态中，双方都戴着厚厚的面具，甚至身上都穿着铠甲。

随着我们与他人交往的深入，我们开始尝试互相了解、慢慢熟悉。我们开始卸下身上的铠甲，面具也开始变得透明，面具下面那个真实的面孔逐渐显现。这时更像处在中庸的状态中，我们既不过度真实，也不过度虚伪。

随着交往的深入，双方逐渐展现出更为真实的自己，展露出自己不同的个性、需求和想法，矛盾与冲突也随之变得尖锐，一点小摩擦都可能会导致冲突的爆发。在冲突爆发之后，我们会完全扯下礼仪的面具，懒得再去伪装，我们会完全露出真实的自己，口不择言，甚至会互相攻击，数落对方，难以忍受对方的缺点，这就进入了冲突的阶段。但就是这个阶段，反而让双方能够快速地、真正地熟悉，有个成语"不打不相识"，就很好地诠释了这一点。这是一种真实的状态，我们的喜怒哀乐，我们的嬉笑怒骂，全都挂在脸上。

在激烈争吵过后，我们开始变得疲惫，就像泄了气的皮球，不再斗志昂扬。我们开始冷静下来，我们不再那么自大、自恋和自我。我们开始沉下心来真正地观察对方、了解对方和认识对方，我们由最开始的想要改变对方，变为尊重对方。我们用心理解对方，欣赏对方的独特个性。虽然可能还是存在矛盾与冲突，但是我们能够互相包容和理解，互相接纳与宽容。这时我们就进入了极端融合的阶段，我们很有可能会建立起非常亲密的关系。

但是，这个状态也不会持续太久，有可能因为某些事情，重新进入中庸的状态中，又或者进入真实的状态……由此不断地变动，让双方的关系不断地发展。

在人际关系中，两个人会由虚伪的状态向中庸的状态转变，由中庸的状态向真实的状态转变，再由真实的状态向极端融合的状态转变，甚至各个状态之间互相交叉，循环往复，这个循环变动的过程就是中庸的第二层境界。它不是固定不变的，它就像八卦，阴阳交替，循环往复，生生不息。所以真正的中庸，不是平庸，也不是模棱两可，更不是绝对的中正平和，而是多元化的、动态的、充满生机的。它更加全面，更加客观，更加复杂，也更加真实，它能容纳所有不同。中庸之道，更符合自然规律。

我们再举个例子，有些朋友会觉得自己非常狭隘，非常自私，总想让自己变得大度，总想着摆脱自己阴暗的一面。其实不论自私也好，狭隘也罢，这都是非常正常的，都是人性当中的一部分。当然，过犹不及，如果过了、极端了，那就违背了中庸的第一层含义，你就会感受到一定的痛苦。我们不趋向于绝对的大度或完美，不趋向于绝对的狭隘或自私，但是需要注意的是，我们也不趋向于绝对的中和，也就是我们不能固定在绝对的中庸状态中。中庸是有流动性的，是一种有生机的状态。换句话说，我们每个人都有狭隘的时候，都有自私的时候。同样，由于处境的不同，心情的不同，事件的不同，我们的状态也会有所不同。我们有时有包容之心，能理解和体谅别人。我们会在两个极端之间不断地循环，会在善与恶、自私与无私、狭隘与宽容之间不断地交替，最终形成一个系统的、稳定的、平和的、中庸的完整状态。

我们需要做的，不是追求某种绝对的状态，而是通过观察性的自己，扫除心灵地图上的尘埃，修正偏激的思维，并包容自己的缺点，慢慢地找到一种适合自己的中庸状态，慢慢地成为真实的、完整的自己。

经过上面的分析，你会逐渐地意识到，真正的中庸是复杂的、多元化的、全面的、客观的、有生机的、流动的，并不会局限于某个空间或某个时间，不会局限于某一个概念。中庸就是整体，就是系统，就是一个充满生机的生命体。动起来就是中庸，死水一潭、永不改变就是极端。

通过观察性的自己，你会随时而动，不断流转，你就会慢慢地接近真正的中庸。一个人拥有了中庸的心态，就会智慧和豁达；一个人拥有了极端的心态，就会陷入愚蠢和偏执。中庸可以让你更加平和，中庸可以让你不再极端，中庸可以让你更加智慧，中庸可以让你接近圆满，中庸可以引领你更加客观、全面地看待一切，它是一种完整的、平和的、圆满的状态。

把握中庸，你就拥有了智慧，接近了圆满。

敬畏：让你感觉幸福和满足

缺乏敬畏之心的人容易生气，容易自卑，容易焦虑，容易抑郁……

在生活中，我们会因为各种各样的事情而产生不好的情绪，这是非常正常的，这是我们的生物属性所决定的。情绪的产生是为了让我们发现问题，并催使我们尽快地解决问题。但是有些时候，问题无法解决，如果情绪还是持续下去，那它便会沦为一种虚妄，你便会变得愚执。就好比昨天你做错了一件事情，今天还在耿耿于怀，你总想改变自己昨天的行为。但事实是，昨天已经回不去了，问题已经无解，如果你还是执迷不悟，现实就会开始不断地敲打你，让你痛苦，目的是撬开你那个固执的自我，撬开你那个自恋的自我，撬开你那颗执迷不悟的心。你要不断地增长见识和本领，扩充自己的边界，直至你能够看清真相，学会本领，成长自我，圆满心灵，最终找到那个完整的、真实的自己。

所以，如果你在生活中总是经常生气，长期充满负面情绪，且严重影响了你的生活，那你就要认真思考一下，你是否只在意自己的意愿，不尊重他人的意愿，是否总是唯我独尊，不尊重客观规律。

我们举个例子，今天你打算出去逛街，但是不巧，当你正走在路上的时候，突然下起大雨，瞬间你成了落汤鸡，衣服淋湿了，街也逛不成了，你非常生气。你一会儿说自己倒霉，一会儿又埋怨天气预报不够准确。这时你生气是可以理解的，但是接下来你如果还是愤愤不平，不能看清事实，不能尊重客观规律，那你就要好好地自我反思了。此时的你对于规律缺乏敬畏之心，这不是自大、自恋、以自我为中心吗？你不能让雨停下，也不能改进气象预报系统。你自以为是、妄自尊大，你觉得晴天是应该的，你觉得天气预报应该准确，你觉得所有的一切都应该以你的意志为转移，你觉得所有的人、事、物都应该为你开道。但是，事实恰好相反，你说了不算，所以你会越来越生气，越来越焦虑。

适当生气是正常的，适当地产生负面情绪也是正常的，它们不仅是你人生问题的警报器，还可以让你快速有效地保护自己，让别人识别你的情绪，以便调整行为，这是负面情绪对我们有利的一方面。但是我们不能没有敬畏之心，特别是当遭遇不顺、产生负面情绪的时候。这时如果你不能摆脱情绪化的惯性，你就会非常痛苦。此时你不如这样去想。

我所遭遇的这一切是不是命运最好的安排呢？它想让我从中学会什么呢？我能从中收获什么呢？

这个世界上的一切，都是我们收获的最好的礼物，包括你的生命。一个懂得感恩的人，一个知足的人，内心会真正富足和幸福，他能放下浮躁与傲慢，能放下那个强大而又执着的自我。感恩与知足的前提是要有敬畏之心，没有敬畏之心，你就会觉得你所得到的一切都是理所当然的。你觉得每天能呼吸到新鲜的空气是理所当然的，每天能睁开眼睛看到世界是理所当然的，每天能吃饱是理所当然的，每天能开口说话是理所当然的……

真的是理所当然的吗？其实，我们所拥有的这一切，根本就不属于我们，而只是暂时地被我们享用，我们所拥有的这一切都是世界对我们的馈赠。

记得大概在我31岁那年，发生了一件让我至今记忆犹新的事情。我妻子的奶奶，本来身体好好的，突然开始反复高烧，茶饭不思，浑身疼痛。我们都以为她是感冒了，带她去诊所拿了些药。就在奶奶生病第二天，我突然也开始发高烧，和奶奶的症状几乎一模一样，我以为是被奶奶传染了，没有太当回事。可是很快我发现不太对劲，我不敢吃东西，嗓子特别疼，嘴里都是疱疮。我的父亲说可能是咽峡炎，于是我也就没有当回事，想着忍一忍就过去了。直到有一天我突然浑身发抖，高烧40多度不退，脸色土灰，家人很担心，于是我决定去医院做一下检查。其实当感觉身体不适，准备做检查的时候，大多数人都会做最坏的打算。在等待结果期间，我不知道是不是已经做好了最坏的打算，但是我想到了死亡，我一直在心里祈祷，希望上天能对我网开一面。检查结果是白细胞增多，与发热有关，确诊了咽峡炎，没有什么大毛病。这下我放心许多，回到家里我便开始安心养病。虽然并不是什么严重的病，但是我身体和精神上遭受巨大折磨，我用了一个月的时间才慢慢恢复过来。因为满嘴的疱疮，我几乎连水都不能喝，饭更是不敢吃，食道和胃疼痛难忍，晚上睡觉就像打仗一样，除了疼就是累，一个月的时间就瘦了30多斤。虽然身体和精神上备受折磨，但是我的心态却放平了许多。我开始感恩每一次下咽，感恩每一次疼痛的缓解，看着照顾我的家人，我对他们充满感激，我很庆幸自己患的不是大病。我不再渴求更多，我不再觉得一切都是应该的，我变得知足而又感恩。

就在我去医院检查的同一时间，奶奶病情突然加重了，家人非常担心，决定带她去做检查。奶奶的症状和我几乎一模一样，她的检查结果也是白细胞增多，但是，她的诊断结果却是白血病，也就是血癌。当我得知这个消息的时候，我非常震惊，我不敢相信我的亲人竟然得了这种病。我一直以为我和奶奶是同一种病，因为我们的病症几乎一模一样，但是万万没想到，我们的命运就此走向了不同的方向。仅仅6个月时间，奶奶便永远地离开了这个世界。

天有不测风云，人有旦夕祸福，这一次我认识到了生命的脆弱易逝，意识到了人生的无常。我不知道为什么会这么巧，我和奶奶一起患病，病症又是如此相似，同一时间病情加重，同一时间去医院检查，诊断结果却截然不同。

我生病，与工作压力大有很大的关系。我一直有着非常强的进取心，总想掌控自己的命运。我不能忍受不顺，我总想做出一番事业。我有着一个强大而又执着的自我。我不肯服输，我非常拼命，在面对客户不断施加的压力，面对超额的工作量，面对前方迷茫的路途时，内心的愤怒、焦虑和压抑的情绪不断地积聚，骤然之间我病倒了。这一次生病的经历，让我不得不停下来思考，过去我的坚持是对的吗？我的选择是合理的吗？我的信念是正确的吗？这一次生病，不仅让我的内心在很长一段时间内平和了许多，我变得更加知足与感恩，同时也影响了我的决定，彻底改变了我人生的方向。

我们总是在不断地得到而又失去，得到时我们的自我就会开始膨胀，变得自大、自恋、以自我为中心；失去时我们的自我会开始萎缩，我们起初会愤怒和焦虑，随后便是无奈，认识到自己的局限性，于是开始妥协，直至认清现实，恢复内心的平静。当然，也不乏有"我执"过重之人，宁可痛苦也不愿看清现实，他们的后半生往往会一直活在怨恨和痛苦之中。我们的自我总是在抗争，得到时开心，失去时沮丧，它一会儿自大，一会儿自卑。

当你缺乏敬畏之心时，你会变得自大、自恋、以自我为中心，你会充满傲慢。此时如果遇到挫折，你就会感觉命运总在与你作对。其实并不是命运在与你作对，而是因为你认为的"理所当然的事情"在减少，你的自我在膨胀，你的欲望在扩大，所以你会感觉诸事不顺。大多数人从出生那一刻起，就受到父母悉心的照顾和保护，对此我们早已习惯。我们会觉得那是应该的，父母应该对我们好，应该照顾我们。倘若父母溺爱我们，就会带来不可想象的后果，因为这无意间就会帮你增强那个狂妄的自我。你会非常自恋、自大、以自我为中心，你会缺乏敬畏之心，你会觉得周围的人对你好都是应该的。但现实往往并不会顺你的心意，现实自有它的运行规律。这时你那个自我便无法获得满足，于是你开始痛苦，你难以接受现实。

不仅父母的溺爱会让我们走向自大，生活中如果缺乏挫折也会带来同样的后果。此时你会觉得一切都是理所当然的，你会充满傲慢与偏见，你会因缺乏敬畏之心而远离了感恩与知足，你就会很容易陷入痛苦的深渊。

可能有那么一天，你开始埋怨父母对你不够理解，开始埋怨孩子不顺着你的心意，开始埋怨同事不够友善，开始埋怨朋友不够贴心，开始埋怨生活不如你所愿，你感觉不顺好像突然增加了。这时，你就要好好地反思一下，你真的有这么不顺吗？顺利的人生真的是你理应拥有的吗？

当我们临终时，我们才会意识到，所有的这一切我们终将失去。此时，你才会意识到，所有这一切，都是世界对我们的馈赠，曾经的自己是多么狂妄与不知足。如果能够早早地醒悟，或许你早就能与幸福和满足相伴。

我们来到这世界，只是在享用这一切，没有什么是理所当然的，你应该感恩所有的一切。你要意识到，在有限的生命之中，有一个更强大的存在，它以自己的方式存在着，它就是客观规律。

敬畏之心很容易丢失，当它丢失的时候，现实就会通过挫折不断地刺激你，让你陷入困苦之中，直至你开始醒悟。就像我的经历，当我淡忘了疼痛，淡忘了那次生病的教训时，我又会变得自大与傲慢。但每逢这时，现实一定会及时出手，狠狠地敲打我，于是我又开始觉醒，变得充满敬畏之心，我的内心重新回归幸福与知足。

为了让自己的内心更接近幸福与满足，我们应当时刻牢记：

在这个世界上，没有什么是应该的，凡是你所经历的，一定都是世界给你最好的馈赠。

爱：可以治愈一切

爱，可以治愈一切。

爱意味着包容和接纳，意味着内心的平静与富足。一个内心缺乏爱的人，他会拥有更多的恐惧和焦虑，在生活中总是偏执地执着于自我。受恐惧、愤怒和焦虑的驱使，他不断地伤害着别人和自己，烦恼与痛苦便由此而起。

一个内心有爱的人，他将是一个幸福的人，喜悦的人，意味着他将更加宽容大度，意味着他会远离痛苦，意味着他的内心会更加富足，意味着他能够赢得更多人的尊重，意味着他可能会拥有更加成功的人生。

但是，真的让你去爱一个你不喜欢的人，甚至一个伤害过你的人，你真的爱得起来吗？我想几乎所有人的回答都是否定的。甚至一想到要逼着自己去爱他们，内心都会无比焦虑和痛苦。

曾经有位女士咨询我，她说："我一直都很痛苦，总是担心这，担心那，导致自己很是焦虑，所以一直在努力提升自己。其间我认识了一些老师和朋友，他们都劝我去爱周围的人，说只有这样才会离苦得乐，但是，我就是做不到！"因为她做不到，这反而让她更加痛苦，由原来的痛苦，又叠加上了自己无法去爱别人的痛苦。

爱其实是结果，并不是起因。因为我们先有了爱别人的动力或可能性，我们才会自然地去爱，并不是因为我们选择了去爱，我们才有了爱的动力或可能性。如果一个人强迫自己去爱不喜欢的人或事，他一定是做不到的。他的内心是分裂的，他会相当痛苦。当一个人做不到发自内心地去爱时，他便会产生很大的挫败感，这种挫败感又会进一步加深他的痛苦，让他苦上加苦。

比如，爱情的爱，我们之所以能够去爱一个人，是因为对方的气质、言行、观念符合我们的标准，所以我们自然会喜欢他，再加上荷尔蒙激素，我们会对异性有性冲动。在这种情况下，就激发了我们爱的动力和可能性。我们会全身心地去爱那个人，甚至不惜伤害自己，仅仅是单纯地希望对方能够快乐。在爱情当中最为常见的现象，就是沐浴在爱情当中的人对于对方会更加体贴和宽容，会更加忘我，内心也更加富足。是否有这种感觉和体验，也是你辨别自己有没有真正进入爱情的关键，有这种感觉，说明你是真的爱着对方。否则你只是因为寂寞恋爱而已，你并没有进入忘我的爱之境域。你不仅没有爱别人，你也没有爱自己，你的内心根本就没有生发出爱，你只是受着恐惧的驱使，在别人身上寻找寄托，企图排解自己的寂寞与孤独。所以这并不是爱，而是索取，你总是害怕失去，你惶惶不可终日，你经常被嫉妒、怨恨、恐惧和焦虑的情绪所笼罩。真正的爱并不是索取，而是忘我地付出，是一种自我获得满足以后的富足心境。内心不再匮乏，你才拥有了向外去爱的动力和可能性。

爱情的爱是一种最原始、最初级的爱。这种爱虽然强烈，但是它有一个弊端，它是短暂的。当荷尔蒙褪去，当你的审美开始疲劳，当你发现对方身上更多的缺点时，你就无法再去爱他了，你甚至会厌恶他，憎恨他，所以这种爱情的爱往往是转瞬即逝的。这个时候如果两个人想要继续维持恋情，就要在爱情褪去以后，生发出新的爱两个人是否能够生发出新的爱的动力和可能性，这也就决定着两个人以后能否互相宽容，能否互相体谅，能否互相扶持，能否共同成长，能否并肩作战。所以，拥有爱的能力非常重要，这不仅对恋爱和婚姻生活非常重要，对一个人生活的各个方面都非常重要。比如，你的人际关系是否和谐，你的事业是否顺利，你的内心是否平和，所有的这些，都与爱的滋养有关。

这里面的关键是什么呢？如何才能习得爱的能力呢？如何才能让自己内心充满爱意呢？如何才能让自己成为一个有爱心的人呢？答案是——爱自己。

首先，一个人学会爱自己，才会去爱别人，一个连自己都不爱的人，何谈去爱别人呢？一个对自己非常苛刻的人，对他人也一定非常苛刻。其次，一个人要先让自己的内心富足，他才有余力去帮助他人，一个内心非常贫瘠的人，他拿什么给予他人呢？一个自己内心非常痛苦的人，他又岂能容忍周围的人过得好？所以，要先学会爱自己，并且扫除自己内心的痛苦，才可以让自己内心丰盈，生发出爱的动力和可能性。

当然，爱自己并不是指单纯地为自己获取利益，而是指对自己同情、理解、尊重、包容和体贴，同时，也要对自己负责，对自己的需求负责，对自己的欲望负责，对自己的行为负责，对于自己的人生负责。一个敢于承担自己人生责任的人，就是爱自己的人。他敢于维护自己的利益，敢于坚持自己、尊重自己。一个对自己非常宽容、体贴和尊重的人，他的内心就会轻松和愉悦，他与自己的关系就会非常和谐。他不会委屈自己，也不会冷落自己，更不会随意地责备自己。这时他就会非常富足，充盈着温暖，他的精神世界就是丰盈的、充满爱意的，他自然也就有了爱别人的能力。他会希望周围的人也像他一样快乐、幸福，他也希望去帮助和温暖更多的人。

一个没有爱的人，即便强迫自己做出爱的行为，那也只不过是一场"爱的走秀"而已，一场做给自己和别人看的表演而已，本质上并不是付出，而是索取，其结果一定是痛苦的，这与爱没有丝毫关系。

一个内心充满恐惧的人，是无法去爱别人的，他唯一能做的就是战胜恐惧一个内心充满焦虑的人，是无法去爱别人的，他唯一能做的就是千方百计地治好焦虑；一个内心充满愤怒的人，是无法去爱别人的，他唯一能做的就是尽快发泄自己的怒气……

爱的动力和可能性来自内心的平和与富足。你能够理解自己、同情自己、原谅自己、宽容自己、善待自己，并且尊重自己，为自己负责，这时你就拥有了爱的能力，你的内心和谐统一，你与外在的世界同样和谐统一。此时的你没有执着的痛苦，没有匮乏的心灵。

所以，想让自己拥有爱的能力，想让自己获得爱的动力和可能性，请先学会去爱自己。努力学习，提升自己，洞见世事，豁达通明。这时，你便扫除了内心的障碍，没有恐惧，没有偏执，你能够自我和解，内心统一，安然自在，心便自然生爱。

善：一种积极的力量

善，我们往往会理解为善良、心眼好，但这只是狭义上的善。广义上的善是一种滋养，是一种积极向上的力量，它代表着新生，代表着成长，代表着宽容，代表着变通，代表着智慧，代表着生命……

恶，我们往往会理解为邪恶、心眼坏，但这只是狭义上的恶。广义上的恶是一种毁灭，是一种消极的力量，它代表着腐朽，代表着衰败，代表着刻薄，代表着僵化，代表着愚钝，代表着死亡……

恶是一种消亡，善是一种诞生；恶是黑暗，善是光明；恶让我们心生恐惧，善让我们满怀希望。善与恶的交织，组成了这个完整的世界。

我们承认光明，并不意味着我们否认黑暗；我们承认爱与温暖，并不意味着我们否认世间的恨与冷漠；我们承认善良，并不意味着我们否认邪恶。善和恶总是如影随形，人世间不仅充满爱，同样处处充满恶。我们能够得到别人的帮助，我们同样也会受到别人的伤害。但是，我们不能因为被别人帮助了就看不到世间的恶，我们也不能因为被别人伤害了就看不到世间的爱。看不到完整的世界，是一个人最大的悲哀。

我们总是极端地看待善与恶，要么极善，要么极恶。其实极善与极恶之间更像隔着一张长的pH试纸，中间包含了无数的善与恶，小善与小恶，大善与大恶，难以分辨。很多时候，为了避免麻烦，我们就干脆简单地给人、事、物贴上善与恶的标签，但最终往往会害了自己。因为一旦你给他人贴上了这种标签，你就很容易与他人发生冲突。你只能容忍别人其中的某一面，而会排斥另一面。这不仅会导致矛盾的爆发，也会让你失去全面了解他人的机会，让你变得狭隘。与外界的冲突并不可怕，可怕的是你与自己的冲突。一旦你给自己贴上善或恶的标签，那么你就只能容忍自己的某一面，而难以容忍自己的另一面，这就会给你带来无穷无尽的烦恼。

这个世界上的事物既有善的一面，也有恶的一面，善中有恶，恶中有善，相互交织，你无法把它们分离。这就像白天与黑夜，哪怕你把天空一劈两半，也无法把白天和黑夜彻底分开。人也是如此，人既有善的一面，也有恶的一面，善与恶共存于一个生命体之中，无法分离。如果你总是绝对地看待善与恶，你就会偏离现实，产生痛苦。所以你需要耐心且用心地观察你所遇到的人、事、物，全面地看待一切。

有时，人们为了避免麻烦，或者不敢面对现实，会直接选择逃避问题，不承认善与恶的存在。这种行为与遇到危险后把头埋进沙子里的鸵鸟无异。其实，不承认恶，才是最大的恶，因为这意味着纵容恶，恶就会自然地滋生与蔓延，且让你毫无觉察。在这种情况下，当你伤害自己时，你看不到自己对自己的恶；当你伤害别人时，你看不到自己对别人的恶；甚至当你被别人伤害时，你都不知道别人在作恶。

由于长期逃避，你甚至不知道什么是恶。比如，当你看不起自己，严厉地苛责自己的时候，你知道这是恶吗？如果你不知道，你就会纵容自己的行为，把自己推向毁灭的边缘。当你控制别人，打着自认为正确的名义干涉别人的生活时，你知道这是恶吗？如果你不知道，你会纵容自己的行为，你就会把别人和自己都推向毁灭的边缘。当你的家人或朋友盲目地给你贴标签、否定你、指责你的时候，你知道这是恶吗？如果你不知道，你就会纵容对方的行为，任由对方把你推向毁灭的边缘。这时你不仅看不到恶，你甚至不认识恶。

如果你看不到恶，就会纵容恶；如果你不认识恶，爱也会成为恶。比如，一位母亲，如果她看不到自己爱中所掺杂的自私与欲望，她就会伤害自己的孩子，她就会极力地操控孩子，她就会纵容自己的恶，并视之为理所当然，她的爱就会成为一把扼杀孩子个性的屠刀，最终她的爱变成了一种恶。如果她只看到了自己对孩子的伤害，只看到了自己的恶，而看不到自己对孩子的爱及对孩子的帮助，那么她就会自责，她就会焦虑，她就会痛苦，并且她会把这些负面情绪传递给孩子，她的爱就会转变为恶。所以，在面对善与恶时，我们不能逃避，我们要去面对，我们不仅要承认善，我们也要承认恶，我们更要随时看见恶，并且分辨恶。

终极的恶是一种消亡，也就是死亡；终极的善是一种降生，也就是新生。恶是一种停滞，善是一种运行，这就是善恶的两头。只要我们能够分清善恶，我们就可以慢慢地看穿世间一切的善恶，并在此期间保护好自己，并善待他人。所有的善都有一个核心力量，就是生长；所有的恶也都有一个核心力量，就是毁灭。所以善是积极的，恶是消极的，依据这一点，你就可以很好地分辨出善与恶。

我们为什么要追求善？因为善意味着新生，它能给我们带来安全和舒适。我们为什么要远离恶？因为恶意味着毁灭，它让人心生恐惧和焦虑。恶一定会带来痛苦，要么给自己带来痛苦，要么给别人带去痛苦，要么大家都痛苦。但是，对于自己内心的恶，无论如何我们都不能抱着敌对的态度。你要知道，恶的空间就是善的空间，它们是一个整体的两面，你不能容纳恶，你也就会失去善。当你决定与自己的恶势不两立时，也就意味着分裂的开始。分裂就意味着毁灭，毁灭就意味着恶，恶就意味着痛苦，这时你也就背离了想拥有幸福的初衷。所以，我们不要一味地排斥恶，而是要在心里给恶留一部分空间，去包容它，让它安住在那里，等待着它自然地转化为善。

比如，当我们非常自卑时，说明我们内在有一个非常苛刻的自我，有一个总是逃避的自我，它总是批判自己，总是推卸自己的责任，这些就是恶。这时我们不要排斥这些恶，更不要对它们熟视无睹。我们要接纳它们，给它们留出心灵的空间，耐心地安抚它们，仔细地观察它们，并深入地思考，找到背后真正的问题。当你能够发现自己的苛刻，发现自己的逃避，开始同情自己，理解自己，为自己负责，并与自我达成和解时，你的心灵地图便得以修订，恶即转化为善，你的心智将会更加成熟，内心也会更加幸福。

当然，自卑也会继续存在。有善就有恶，有自信就有自卑，所以我们最后仍然会自卑。但是没关系，我们并不是要完全地消除自卑，而是给它留一部分空间，让它自然地存在于那里。总有一天，它的其中一部分会给自信、宽容与爱腾出空间，转化为善。

恶的镜子让我们找到了善，我们在善恶转化过程中，让自己的心灵不断净化，让自己更接近善，接近幸福。

生是死之本，死是生之初。死亡，既是终极的完结与恶，同时也是终极的圆满与善，生与死之间便是善与恶的极点。当死亡来临时，我们的生命会消亡，或许到那时我们会重新审视恶，发现也许恶并没有那么可怕。正是因为它的存在，善才有了转变的空间，正是因为死亡，生命才得以诞生，正是因为死亡，这个世界才生生不息。一个生命的死亡，意味着给其他生命留下了生存的空间，善会从恶的土壤里生根发芽。当这些新生命到来时，就意味着恶最终转化成了善。草的牺牲为羊提供了能量，羊的牺牲为狼提供了能量，狼的牺牲为微生物提供了能量，它们的牺牲同样为后代提供了生存的空间。这种循环的过程，既可以说是一种极恶，也可以说是一种极善。

我们总会遇到不顺，也正是这些人生的苦难，让旧的自己不断地消亡，新的自己不断地再生，直至接近那个完整的自我。

所有人都有着善与恶，我们不能排斥恶，因为恶是我们的一部分，排斥恶如同排斥自己，毁灭恶就如同毁灭自己，所以我们应当允许善与恶共存。我们要给予恶积极的力量，给它生命的空间，让恶得以流转，化身为善，重获新生，就像世间的生命，不断地新生。

每个生命最终都会走向死亡，对此我们不必耿耿于怀，因为在那个时候，我们只不过是重新回归了宇宙的怀抱。

善包含一切美好的品质。我们要培养善，转化恶。你拥有了善的品质，就会拥有正确的行为，你所做的一切，都是一种新生。当你挫败时，你会鼓舞自己，重新获得力量，而不是动不动就否定自己，因为你知道什么是善什么是恶。当你面对爱人时，你会尊重对方，你会鼓励对方做自己，给他信心，而不会总想改变对方，让他按照你的意志生活。你会很自然地做着这一切，并将一切引向积极的方向。

当一个人拥有了善的品质时，他就拥有了生命的力量。他积极乐观、不断成长，无论遇到任何困难，他都懂得在绝望中寻找希望，在失败中获得成长，在危机中看到机遇，在残缺中看到完整。他容纳善，也容纳恶，并积极地把恶转化为善，让生命之河不断地流转，让这条河流不断地滋养自己，滋养他人。

在充满善的空间里，虽然也会有焦虑、恐惧和不安，也会有矛盾、冲突与阴暗，还会有各种各样的恶，但是它们都有自己的位置，它们在包容中与善共生，各安其所，并不断地被转化着。

一个越是向善的人，他的内心就会越发强大，因为善是一种积极的力量。

忍耐力：一种专注的、耐心的、积极的、主动的、明白的等待

忍耐力离不开我们前面所提到的那些品质，离不开自我同情、真实、中庸、敬畏、爱和善，忍耐力是在它们的共同作用下产生的。

有了这些品质，你就有了忍耐力。当你想要实现某个目标，想要做成某件事情，想要达到某种境界的时候，你就不会在挫败中盲目地自我批判，不会在困难面前自欺欺人，不会一味地要求自己，不会极端地看待自己的失败，不会在失败后把自己贬低得一文不值。你会对自己充满同情和理解，你会更加真实和坦诚，你会更加完整地看待自己，你会充满感恩和敬畏之心，你会用鼓励和爱来疗愈自己的创伤，你会更加积极、勇敢和主动，你更能容忍自己的失败，并能够在失败中总结经验、获得成长，最终成为最独特的自己。

忍耐力不同于我们往常所理解的忍耐，它是一种专注的、耐心的、积极的、主动的、明白的等待。而忍受是一种急躁的、消极的、被动的抗拒。

我们都看过猫在捕猎时的情景，它在面对猎物时，并不是饥不择食地直冲上去，哪怕非常饿，它也会在合适的地点埋伏好，摆好合适的姿势，做好最充足的准备，伺机而动。等到时机成熟时，它才会一跃而起，向猎物发起迅猛攻击，一击拿下。因此猫可以捕捉到麻雀、老鼠等行动非常敏捷的动物，除了得益于敏捷的身手，还有一个很重要的原因，就是耐心。它不会冲动，若时机不成熟，猎物没有进入它的伏击圈，它会选择饿着肚子一直等待，甚至长时间处于静止状态，所以人类往往惊叹其惊人的忍耐力。猫为何会有如此强大的定力，其实这里面有一个很重要的原因，那便是它的目标近在眼前，它的精力就在当下。它进入了一种心流的状态，它

是忘我的，它不会感到饥饿，它甚至会忘掉除了猎物的所有东西。它所有的精力都集中于近在咫尺的目标上，集中在此时此刻，所以它表现出了很强的忍耐力。而人类的目标往往是长远的，哪怕是一些小事情，也可能需要几个小时，甚至几天才能看到结果。所以老百姓总结出了一句流传甚广的俗语：心急吃不了热豆腐。

如果想要拥有更强的忍耐力，不妨从以下几点去锻炼自己。

（1）在遇到挫折时，我们不能一味地要求自己。不切实际地要求自己当下就要达到理想的状态，或者完成某个目标，只会让自己更加失落和焦虑。我们要能理解自己，明白事情的艰难，了解自己当前的实力和处境，用发展的眼光看待事情，不断地精进，不断地从失败中吸取教训。哪怕最终没有成功，我们也要尊重自己，理解自己，同情自己，接纳自己，而不是一味地谴责自己。这是对自己的同情和理解。

（2）你要提醒自己保持真实的状态。在遇到挫折和困难的时候，我们往往会逃避现实，产生幻想。要么不切实际地活在幻想当中，要么悲愤地怨天尤人，甚至强烈地谴责自己。只有真实，才能让你的内心更加平和。此时你会面对现实，不再盲目地对抗现实，不再不切实际地要求自己，不会总是欺骗自己、活在过去。真实，会让你更加坦然地面对眼前的一切。你能面对成功，也能面对失败，你会在真实的土壤里扎根，脚踏实地，茁壮成长。只有真实，才能让你知道自己最终要什么，才能让你有正确的方向，才能让你有更大的动力和热情。所以我们要遵从自己的内心，相信自己真正的感受，不被外界的声音所干扰，不被外界所强加给你的声音所迷惑。我们要相信自己的感觉和判断，我们要对自己真诚，不能欺骗自己，不能推卸责任，如此我们才能更接近真相，接近问题的本质，才能获得真正的成长。这是真实。

（3）无论发生什么事情，都不要让自己长期陷入极端状态中，而要全面、客观地审视所发生的一切。也许你总会给自己设定各种各样的目标，在面对困难时，你可能会失去耐心。你也许会失败，会很痛苦，你可能会恨自己，甚至会极端地认为自己一文不值。这就是一种极端的思维。人会失败很正常，我们有优点和缺点也很正常，我们是一个有血有肉的人，而不是一个完美的圣人。我们不能因某一次的失败就全盘否定自己。也许你会失败，但是一次的失败不代表整个人的失败，某一件事情的失败也不代表你所有的事情都会失败。同时，所有事情不是只有绝对的成功与失败，这一次你可能成功了30%，下一次又成功了60%，你会不断地在练习中进步，这就是我们的人生。我们的人生由许许多多的失败与成功组成，由许许多多相对的失败和相对的成功组成。重要的不是成与败，而是成功与失败、得到与失去组成完整的人生。

在此期间你可能走出了极端，你开始能同情和理解自己，回归客观与冷静，你又会重新燃起新的希望，充满斗志；而后你又可能面临失败，你失去耐心，责备自己，陷入了极端。没关系，这是一种真实的中庸状态，它是流动的，是变化的，不是僵化的。如果你做得过于完美，这反而是一种极端。切莫拿着圣人的标准来要求自己，你是一个有血有肉的人，不是那个完美的圣人。我们要允许自己积极向上，也要允许自己消极堕落，我们不能极端地看待自己，我们要接纳自己的开心，要接纳自己的痛苦，我们要接纳自己所有的一切。所以，无论发生什么，我们都要有一种中庸的心态，尽量客观、全面、动态地看待自己的一切，这种中庸的心态会让你心平气和，让你更加顽强，更加坚定，更加完整。这是中庸。

（4）请尽量保持敬畏之心，否则，你总想快速地看到结果，期望直达目的，这会让你心浮气躁、急功近利，甚至充满戾气。这时的你缺乏敬畏之心，你会认为身边所有的一切都是应该的，所有的一切都应该按照自己的意志发展。比如，天气晴朗是应该的，不丢东西是应该的，不失眠是应该的，不惹我生气是应该的，别人重视我是应该的，别人按照我说的去做是应该的，大家都喜欢我是应该的，我能说会道是应该的，我永不犯错是应该的，我所做的事都能成功是应该的……这时的我们缺乏敬畏之心，不尊重客观的规律，总是不切实际地看待一切，这会让我们充满挫败感。如果狩猎的小猫也是如此心态，认为自己只要轻松一跳，就可以理所应当地抓到猎物，那么它一定会失败，多次的失败也会让它很快失去耐心。世间万事万物都有着自己的规律，有着自己的发展过程。当你的行为符合自然规律时，你自然可以实现目标。当你尊重自然的发展过程时，你自然可以心平气和地等待开花结果。当你尊重规律时，你自然可以接受眼前的一切。这是敬畏。

（5）也许你通过努力依旧无法达成目标，没关系，比起目标，比起成功，比起做成某件事情，"你"不是更加重要吗？请爱你自己。当我们一无所有时，我们能给予自己的最宝贵的财富，便是爱。哪怕你非常成功和富有，如果你不懂得爱自己，就会只剩下痛苦。因为此刻的你，所面对的是一个无底洞，这个无底洞是你的欲望，是你的一个身份。你每天都在疲惫不堪地往洞里填着东西，洞里还时不时地传出谩骂声，说你无能，让你继续，因为它很饿。当你爱自己的时候，这个欲望的身份便会消失，爱会让你重拾信心，爱会让你重新燃起希望，爱会让你无所畏惧，爱会让你更加踏实。哪怕你一无所有，爱自己，也会让你充满自信与力量。爱不需要任何条件，就像母亲爱自己的孩子，母亲不需要孩子做什么，仅仅因为你是她的孩子，所以她爱你，无条件地爱你。这是爱。

（6）爱给予了你力量，你就会在失败中重生，于是善便到来了。昨天的你已经死去，今天的你焕然一新。你会重新审视所发生的这一切，你会开始重新选择，你会更加注重内心的声音。你接下来所做的选择，将充满善的力量，它会更有意义。善会让你更加积极，更加主动，会让你做出更加正确的决定，会引导你向光明的方向不断前进。这是善。

（7）当你能够做到以上这些时，你就可以扫除自己内心的障碍，你可以更加专注于事情本身，于是忍耐力便到来了。此时的你就像猫一样可以进入到专注的心流状态，忘我而又坚定，拥有超强的忍耐力。真正的忍耐力不是被迫忍受，而是一种平静的专注，是一种专注的、耐心的、积极的、主动的、明白的等待。此时的你专注于事情本身，而不是结果。这是忍耐力。

当然，要想增强忍耐力，要在生活中不断地吃苦和历练。知行合一，才能达到最终的目的，由此你才可以唤醒这些本就存在于你内心的品质。这些品质被你的妄念封印在你的潜意识之中，也唯有磨难才能解除这些封印。随着封印的解除，你自然能够自我同情，你自然会足够真实，你自然会维持中庸的状态，你自然会充满敬畏与感恩，你自然会爱自己，你自然会积极向上，你自然会非常专注，你自然就产生了忍耐力。

有了忍耐力，你就可以承受生活中更多的苦难，可以忍受负面情绪，如焦虑、恐惧、沮丧和紧张等。这种承受能力不是被动的选择，而是你明白事物发展规律后的明智的选择，是你对命运的一种敬畏，是对自己的一种理解与爱，这些都源于你那颗积极向善的心。当你在做好充足的准备之后，你会积极地、耐心地等待，你会尽人事，听天命，哪怕最终得不到想要的结果，你也会尊重客观事实，无怨无悔。

在这个世界上，做任何事情都离不开忍耐力，因为事情都有其自身的发展规律。在发展的过程中你需要忍耐，无法忍耐，你就无法抵达彼岸。懂得忍耐的重要性，靠着优秀品质的加持，你才能够拥有强大的力量，减少自己的痛苦，让内心足够强大。

在人生之路上，忍耐力不可或缺。当我们决心走向幸福之路，走向自我实现的旅程，开始心灵净化之旅的时候，它会帮助我们一路前行。当我们遭遇失败的时候，当我们困顿的时候，当我们迷茫的时候，它会让我们专注地、耐心地、积极地、主动地、明白地等待。

6

第六部分

人生旅途

直面痛苦

痛苦总是与问题相伴，当你感觉痛苦时，一定是你的人生遇到了某些问题。

斯科特·派克在他的书《少有人走的路》开篇写道：人生苦难重重。我们的人生充满苦难，我们总会遇到问题并解决问题，这是一个永恒不变的真理。如果不能意识到并接纳这一点，你就会陷入无穷无尽的烦恼之中，无法安心地享受人生的快乐。你会厌恶问题，讨厌痛苦，在现实中你又无法摆脱它们，除了更加痛苦，你别无选择。唯有看清这个真相，面对现实，你才能生发出勇气和力量，你才能不断成长。但是，很遗憾，大多数人并不愿意承认这一点，总觉得人生应该是快乐的、幸福的，看到痛苦就犹如看到瘟神一般，更不要说深入地感受痛苦了。

当我们遇到问题并感觉到痛苦时，这是第一层痛苦；当我们开始着手解决问题时，这是第二层痛苦。在解决问题时，我们要面对焦虑、沮丧、愤怒等许多不好的情绪，比起问题本身所带来的痛苦，这些负面情绪更加让人难以承受。所以大多数人宁可选择逃避和无视问题，也不愿意直面问题、解决问题。解决问题需要我们深入地思考，消耗大量精力，承受负面情绪。于是我们宁可承受问题所带来的痛苦，也不愿意面对解决问题时要承受的痛苦。正如心理治疗师伯特·海灵格所说："受苦比解决问题来得容易，承受不幸比享受幸福来得简单。"

所以，很多人在遇到问题、感到痛苦时，要么怨天尤人，要么自怜自艾，又或者急切地寻找刺激来麻痹痛苦，就是不愿意面对问题，不愿意承受解决问题的痛苦。于是，很多人在情绪上出现问题，通过酗酒、暴饮暴食等过激行为来麻痹自己，过度地消耗自己，给自己的人生制造更大的麻烦，把自己逼入绝境。

在面对痛苦时我们逃避和抗拒，这源于趋利避害的本性，这种本能看似精明，却往往是聪明反被聪明误。虽然你暂时逃避了问题，获得了暂时的安逸，但是问题并没有消失。你给自己埋下了无数隐患，后面会有更大的问题等着你，就像温水煮青蛙，让你在不知不觉间走向痛苦的深渊。所以在面对痛苦时，这种态度给我们带来的往往是更大的伤害。

痛苦意味着问题，你不面对痛苦，就是在逃避自己的问题。就像在海滩上，当几十米高的大浪滚滚而来时，你恐惧万分，于是你转过身背对着大海，企图减少内心的恐惧。但是很遗憾，问题依旧存在，你会被浪潮狠狠地拍打，并被席卷到无边无际的大海里，你面对的将是更大的恐惧，你会陷入深深的绝望。

我们总是企图通过消灭情绪来处理问题，这貌似是一条捷径，却是最愚蠢的方式。问题没有解决，情绪的警报器却被你破坏，你既无法通过情绪意识到问题，又解决不了问题，于是心理问题就出现了。此时你感觉自己好像出现了问题，但你又不知道为什么，更无力去解决，这就是心理问题。由于你长期逃避痛苦的情绪，问题长期被搁置，被深深地埋入你的潜意识之中，它在你心灵地图中的某个角落里难以被发现。但是，它又会时不时地跳出来影响你，让你重蹈覆辙，让你重新体验曾经的痛苦。它可能会出现在你的某一次聚会中，也可能会出现在某一次工作中，某一次旅行时，某一次独处时，某一个梦境中，又或者出现在睡觉之前，等等。你的问题越来越严重，你的情绪越来越失控，你的心智在退化，这个时候你往往就只能求助于心理医生，让他引领你直面自己的痛苦，发现被深埋的问题，帮助你快速地恢复心智，解决心理问题。

心理学家卡尔·荣格曾经说过："逃避人生的痛苦，你就会患上神经官能症。"一个人如果长期逃避痛苦，他的心智就会停止成长，甚至退化。所以你会发现，有些成年人，他们的行为和心理和小孩子一般，这并不是他们大脑有什么问题，而是他们的心智早就停止了成长。他们畏惧困难，总是逃避问题，逐渐退化到了婴儿状态，遇到事情就大哭大闹，情绪化异常严重，最终就会出现严重的心理问题。

在面对问题时，我们只有一条路，那就是直面痛苦。我们要战胜趋利避害的本能，随时提醒自己要直面问题、直面痛苦。直面痛苦不仅会让我们的心理更加健康，同时，还会给我们带来意想不到的礼物。

痛苦并不像我们想象中的那么可怕，它的背后往往深藏着生命的真谛。通过痛苦，我们能发现问题并解决问题，让心智更加成熟，心灵更加圆满。身体的成长需要食物，心灵的成长需要痛苦，直面痛苦和解决问题的过程，就是心智不断成长的过程，就是意识不断拓展的过程。你会更加理解这个世界，你会慢慢地放下执着，你狭隘的自我意识会慢慢地接近完整的宇宙意识。

就如这本书的由来，它酝酿于我痛苦的人生经历，始于我直面痛苦的过程。起初它犹如一颗种子，当我决心面对痛苦的时候，它就被播撒到了土壤当中。它把痛苦作为营养，把生活作为土壤，一天天地茁壮成长。与其说它出自我手，倒不如说它出自痛苦。当我直面人生痛苦的时候，当我决心探索幸福的时候，当我开始面对各种问题的时候，我便一次次实现自我的超越，并最终让这本书呈现于大家面前。

痛苦背后的礼物便是幸福，虽然它诞生于痛苦，但它最终给我们带来的是幸福。

不去面对疾病，我们就无法摆脱疾病；不去面对困难，我们就无法战胜困难；不去面对痛苦，我们就无法远离痛苦。当你痛苦的时候，说明你的心智需要成长了。只要你勇敢地面对让你痛苦的事情，在你解决问题的过程中，你就会一次次地实现自我的超越，并最终抵达圆满之境。

当你再遇到痛苦时，先不要着急躲避，你要好好想一想：

这一次我会获得什么礼物呢？痛苦又为我安排了什么课程呢？我能从中学会什么呢？

直面痛苦，直面问题，你就会拥有一个积极向上的人生，你会驱散天空的雾霾，沐浴在温暖的阳光之下。你不仅锻炼了自己的本领，也让自己更加了解这个神秘莫测的世界。

挑战恐惧

恐惧，会让一个人越来越萎缩，会让他的生命逐渐枯萎。

当一个人总是被恐惧笼罩的时候，他灵魂的生存空间就会越来越狭小，这种空间的狭小不是外界施加给他的，而是他自己施加给自己的。

一些三四十岁依旧躺在家里的人，他们不敢去工作，依靠父母养活，其实大部分原因并不是懒惰，而是恐惧。他们觉得家里更安全，外面的世界处处充满危机，所以他们不愿意出去。他们现在的生存空间已经被压缩到了自己的家里，甚至只有他自己的卧室。其实他们并不是不愿意去工作，更不是喜欢待在床上，而是不敢。他们恐惧，他们害怕，害怕踏出自己的舒适区，所以，他们宁可忍受异样的眼光，忍受批评，也不敢踏出家门，不敢面对外面世界的"危险"。

"危险"这个词语之所以加了一个引号，是因为他所恐惧的东西几乎都是他的想象，并不是真实的。起初可能是一个小小的恐惧，一次小小的受挫，给他造成了一个小小的阴影。但是，在他选择了退缩和回避时，恐惧便会愈演愈烈，更大的恐惧将会不断地袭来。之所以会这样，是因为恐惧有这样的特点，你进它就退，你退它就进，所以一旦退缩和回避，他就会更加恐惧，更加退缩和回避，他内心的恐惧便会越来越多，以至于挤占了他心灵所有的空间，只给他留下一张床那么大的地方。他在这种不断退缩和逃避的行为中，形成了回避型人格，他心灵地图中的这个问题，便会慢慢地根深蒂固，地图的修订将会越发困难。

这里面的核心就是他一直在逃避，面对恐惧他选择的是退缩。恐惧就像一个得寸进尺的人，越是逃避，恐惧就会越多，每让出一部分空间，恐惧就前进一步，快乐就会少一分。如果继续退让，恐惧就会得寸进尺，最后布满他心灵的各个角落，让他无处躲藏，哪怕他一直躺在床上，他也会惊恐万分、寝食难安。

恐惧本身是对我们极其有利的情绪，它是人生问题的警报器。比如，当我们走夜路的时候，适当的恐惧感会让我们更加谨慎，提高警惕，以便保护我们的安全；当我们遇到危险时，适当的恐惧感会让我们快速逃跑，以便更好地保护自己；当我们出席重大场合时，适当的恐惧感会让我们更加严谨，以便减少我们的差错。适当的恐惧感是正常的，是有必要的。但如果恐惧让我们不敢走夜路，让我们在面对危险时失魂落魄、惊慌失措，让我们在出席重大场合时手足无措、举止失常，这种恐惧感就是过度的。恐惧感一旦过度，就会成为负面情绪，就是没有必要的，就是虚假的恐惧。这种虚假的恐惧，就会阻碍我们自身的发展与潜能的开发，严重影响我们的生活。

当你被过度的恐惧所掌控的时候，你不仅会伤害自己，也很容易伤害别人，因为恐惧会让你愤怒，让你惊恐，让你焦虑，让你失去理智。就像落入水中的人，他会拼命地抓住身边一切可以抓住的东西，哪怕他抓住了救助他的人，也会把救助者使劲往下按，让自己尽可能探出头来呼吸，最终的结果是他们两个人都可能会因此而失去生命。溺水者的恐惧是过度的，如果他没有这么恐惧，即便他不会游泳，只要不激烈地挣扎，他一样可以被救助者拖出水面，从而得救。如果你生活中大多数的恐惧都是虚假的、过度的恐惧，那这种虚假的、过度的恐惧就会严重影响你的生活和工作，严重影响你的幸福。

过度的恐惧往往来自臆想，你认为事情的后果非常严重，你的臆想来自你的退缩和逃避，你迟迟不敢面对你所恐惧的事物，而是坐在那里无限地放大你的想象，任由想象的恐惧感侵占你的心灵空间。比如，在晚上走夜路时，我们大多会有一定的恐惧感，这会让我们更加小心谨慎，更有利于自身的安全。但是，如果你因为看到一个负面新闻，或者看了一部恐怖电影，从此就不敢再走夜路，不敢晚上出门，总认为会遇到危险，这就是一种过度的恐惧，你正在过度臆想。这时你越是害怕，你就越是应该走出去，以便战胜这个虚假的恐惧，让它退出你的心灵空间。所以当你能走在夜晚的路上，并安全到家时，你就会逐渐意识到你所认为的那些危险大多是虚假的。当你经常这样面对自己的恐惧时，你就会逐渐恢复到正常的心理状态。

像上面那位朋友，他需要一次次地挑战他所恐惧的东西，才能把笼罩在他周围虚假的恐惧逐个击破。当他能够击破这些恐惧时，恐惧就会消散，他的内心就会重新恢复平静，他就不会总是感受到拘束或焦虑，他会感受到久违的平和与快乐。同时，他在长期这样做的过程中，不仅击破了恐惧，还会培养出自己积极主动的习性，重新塑造心灵地图中新的印记，他就会成为一个积极主动的人。这时他才能真正把自己从过度恐惧的淤泥中拖曳出来，把自己从自我束缚的想象的茧房里解脱出来，把自己从消极的习性中拯救出来。

也许你曾经不敢上台演讲，也许你曾经不敢去面试，也许你曾经不敢去参加聚会，也许你曾经不敢去向喜欢的人表白，也许你曾经不敢去追求自己的梦想，你甚至不敢走出家门……这些都没有关系，这些都是曾经，都是过去，它们都是因为你的退缩而幻化出的恐惧，都是不堪一击的纸老虎。当你真正去面对和审视它们的时候，它们自然会烟消云散。只要你下定决心，去面对它们，它们就会原形毕露，就会很快自动地消散。

得与失、成与败真的有这么重要吗？你所恐惧的这些事情，真的会威胁你的生命吗？我想你应该好好地仔细思量，不要被你原始的求生本能所牵制。你要意识到，在大多数情况下，你的生命并不会轻易受到威胁，你要静下心来，用观察性的自己好好地审视目前所遇到的问题，看破恐惧的真相。生活中一时的得失与成败无足轻重，重要的是你的心灵空间是否还在被虚假的恐惧感所填满。如果是的话，你将会离幸福很远，是你自动地把自我与世界进行了隔离，为了避免所谓的危险，你主动放弃了精彩的世界。从现在开始改变你的习惯，不要一感觉到恐惧就马上回避，你要去直面它们，然后想一想，你恐惧的到底是什么呢？它们真的有这么可怕吗？

当然，当我们直面恐惧的时候，我们可能还是会被恐惧所吓退。这个时候我们不要盲目跟随情绪化的自己，你可以按照第四部分"心智成长四部曲"的方法，让自己冷静下来，通过观察性的自己，去深入地、全面地思考当前所遇到的问题，找到正确的解决方法。同时，运用第五部分中介绍的品质，激发自己的勇气和力量，让自己充满智慧和能量。此时，在理智和勇气的加持下，你就可以勇往直前，战胜虚假的恐惧，让心灵恢复自由。

恐惧并没有错，它其实是我们最好的朋友，是我们最忠实的伙伴。但有时它又会非常淘气，你越是恐惧什么，它就越是会把你恐惧的东西带到你的面前。它也许是想吓唬你，但更重要的是你怎么看待这种状况，如果你认为它是在欺负你，那么它就是在欺负你；如果你认为它是想锻炼你，那么它就是在帮助你。它会不断地把你所恐惧的东西带到你的面前，不断地催促你去面对它们，直至你不再恐惧。当恐惧的幻象消失时，你的心智便再一次获得了成长，你变得更加积极、主动、阳光，变得更加勇敢、快乐、充实。

怕什么就要挑战什么，你将会不断地扩展自己的生存空间，你的天空将会越来越宽阔，你的心灵空间将会越来越宽广，你的人生将会越来越精彩，你会走向自由与圆满，你将会成为最好的自己。

感恩失去

所有人都害怕失去。孩子害怕玩具被别人抢走，女人害怕青春的容颜被岁月改变，男人害怕自己的尊严被他人践踏等。害怕失去是我们的一种本能反应。

你认定了某件事物属于你，那么一旦它从你手中消失，你就会有一种失去的感觉，让你产生愤怒、恐惧、焦虑和沮丧的情绪，让你感到痛苦。但是，这些情绪的主要来源并不是失去，而是你不能接受失去。也就是说，失去并不会让你痛苦，你不能接受失去才会让你痛苦。

我们抗拒失去，这很正常，这是我们趋利避害的本能反应。这源于我们最基础的对于生命安全的维护，而后上升到对于存在感的维护，再是对于尊严的维护，对人格的维护，对信念的维护等。由此扩展开来，凡是我们所熟悉的，与我们曾经有过接触或曾经相伴过的人、事、物，甚至是抽象的想法和概念等，都会成为一种"我"的存在，都会变成"我"的一部分。我们的自我不是凭空出现的，它依赖于外界而存在，而后映射内在的我，所以我们才会产生一种外界所熟悉的一切都属于自己的错觉。也就是我们的"自我"需要依靠外界才能感受到自己的存在。由于我们要维护"我"的存在，当我们身边的东西消失的时候，我们自然会感受到一种自我的被剥夺感和丧失感，我们会焦虑、恐惧、愤怒和沮丧，我们会非常痛苦。

为了避免不必要的痛苦，我们要战胜这种本能，超越狭隘的自我。镜子所映射到内部的影像并不属于镜子，正如我们，外界的一切所映入内心的影像也并不属于我们。你可以说你的身体是你的，你可以说你的孩子是你的，你也可以说你的家是你的等。这个你可以无限地放大，也可以无限地缩小，重要的是你要看清这个"我"的本质。你可以试着这样去想象，假如你看不到，听不到，闻不到，也感觉不到，那么你就会失去自我感，你会变得像机器人一样没有自我意识，也就没有了"我"的存在。这种结果的好处是你再也感受不到"我"的痛苦，坏处是你将永远感受不到"我"的快乐，因为此时的镜子再也无法映射出影像，而是成为了一块石头。

所以，我们要超越狭隘的自我，但是，万万不可消灭那个真正的自我。就像正在玩游戏的你，你可以摆脱游戏中的角色，但绝不可以消灭正在玩游戏的你。摆脱不了游戏中的角色，你就会陷入角色，会因游戏中角色的得失而影响自我。游戏中那个角色的身份属于你，但是游戏中的身份并不能代表真正的你。你要知道，你正在玩游戏，你才是自己的主人。否则，当狭隘的自我身份操控你的时候，你就会成为它的奴隶，跟随它陷入恐惧和情绪，失去那个真正的、完整的自己。这时，在面对失去的时候，你就会看不开、看不清，就会糊涂。你会特别紧张，特别害怕，特别严肃，你的生活将会变得枯燥乏味。

太过害怕失去会让我们变得过于严肃，生活失去趣味，活在提心吊胆之中。在生活中，你会发现，一些比较严肃的人对待工作和生活总是一丝不苟，他们不苟言笑，显得比较沉闷，看上去总是忧心忡忡的。哪怕他们有着不错的条件，但生活中好像总是缺少了快乐，多了一些忧郁。他的生活状态就像刚刚学会开车的新手，总是把座椅使劲地往前靠，双手紧紧地抓住方向盘，眼睛直勾勾地盯着前方，特别紧张，生怕汽车脱离了自己的掌控，丢失了性命。

这样的人特别严肃，特别害怕失去，满脑子都是面子、成功、知识、能力、财富、地位、权力、荣誉等。他们想尽可能抓住眼前的一切，这些东西在他们心里如生命般重要，所以不管大小事情，都会让他们紧张到难以呼吸。他们总是想紧紧地抓住一切，就像抓住方向盘一样。因为害怕失去，他们总是拼命努力，不愿放松，害怕荒废人生，哪怕是休闲的时间，他也会非常紧张，生怕丢掉什么。

他的严肃就像紧握方向盘的人害怕汽车失控，总是想拼了命地去掌控，其本质就是害怕人生失控。他之所以过分严肃，就是因为他担心失去，他总是紧紧地握住一切可以抓住的东西。他害怕太过随意的话，别人会不尊重他；他害怕不拼命的话，美好的生活便不会眷顾他。他害怕失去自己的地位，失去自己的财富，失去自己的尊严，失去自己的面子，失去自己的生存空间，甚至失去自己的生命。所以他不断地努力，拼命地工作，开不得玩笑，无法放松，累出病来也在所不惜。他总是被恐惧驱使着，所以他很难感受到轻松和快乐，总是害怕失去。面对近在眼前的幸福，他总是会说再等等，等他完成这个项目，等他挣足够多的钱，等他的孩子再大些，等他退休。他总是认为再等等自己就可以放下了，就可以快乐了，就可以享受了，但这一切好像遥不可及。他每天都紧握着方向盘，直勾勾地盯着前方，没命地赶路，不愿意停下来到路边走走，以至于错失身边的美景。他因为害怕失去而充满焦虑，他因为失去而痛苦万分。这种因害怕失去而过于严肃的人，终其一生不论获得多少财富，也好像总与快乐无缘，因为他的身心一直难以放松。

我们要认真地生活，这没有错，但我们不能太过严肃地生活，这会让我们很累。有了认真，我们才能把事情做得更好，才能让自己的生活和工作更加平稳。就像我们开车，认真开车没有错，如此才能保证我们的安全。但如果因为害怕失去，而过于严肃，就会像一根持续拉紧的弦，早晚会崩断。如果你太过严肃，你紧握方向盘的手，太过靠前的座椅，反而会带来危险。

当然，我们的本能就是害怕失去，只有这样我们才会去抓住一些我们需要的东西，比如，争取生存所必需的条件，追求更美好的生活等。如果一个人不知道躲避危险，那么他将会举步维艰，甚至随时会一命呜呼。作为一个独立的个体，很快他将会被淘汰，甚至被消灭。但是，我们要明白，对于能够抓住的，我们要认真抓住，对于无法抓住或不太重要的，我们要尽量让它顺其自然。特别是在面对不受我们控制的某些东西时，最好的处理方式不是抗拒，而是接纳，因为我们没有别的选择。若不接纳，你不仅会失去这些东西，还会承受痛苦。若接纳，或许你还能收获其他意想不到的东西。

当开始面对和接纳失去的时候，你会发现，失去其实是人生常态。我们从出生那一刻起，就一直在失去。你被迫离开了母亲的子宫，被剪断了脐带，永久失去了那个温暖而又安全的"家"。随后你逐渐长大，你又失去包裹你的褴褛，失去哺育你的母乳，失去父母的怀抱。你开始上学，走向社会，慢慢地远离那个从小长大的家。你会开始失去儿时的玩伴，失去故乡的亲人。此时你完全失去了父母的保护，你长大成人了，然后你又有了孩子，你作为父母，又开始走在慢慢远离孩子的路上，直至死亡。但是，如果我们深入思考一下就会发现，其实正是因为有了失去，我们才得到了新的东西。失去母亲的子宫，我们来到了这个生机勃勃、五彩缤纷的世界，我们有了充满惊喜的家，我们有了父母，有了兄弟姐妹，有了朋友，等等，我们失去了脐带，但因此而获得了自由。

人生从来就没有绝对的失去，绝对的失去都是幻象。在你失去的同时，你一定会有所收获，你之所以感觉没有收获，是因为你一直在排斥失去，拒绝失去就是在拒绝收获，拒绝一枚硬币的反面，你也会失去一枚硬币的正面。很多时候，假若鱼与熊掌总想兼得，那你终将会一无所获。生活中我们每天都在失去一些东西，如果你感觉失去的多，说明你得到的就多，只是你拒绝接受，所以你看不到这些。你完全没有必要担心失去，全身心地投入当下的生活，享受命运的馈赠，这本身就是一种收获。

直至生命的最后，你会发现，这个世界上所有的一切都不属于你。在即将失去生命的时候，你能带走什么呢？你连自己这具身体都无法带走，更何况那些所谓的名誉、财富、权力、地位呢？其实，你也无须带走它们，因为它们根本不属于你。生命的逝去，只是变换了一种存在形式，你会回归宇宙的怀抱，与这个宁静深邃的宇宙合二为一。

所以我们应该感谢生活中的失去，正是因为这些失去，让你拓展了自我意识，正是因为这些失去，让你走向了自我的觉醒。失去让我们不至于在"我执"的道路上"一条道走到黑"，失去每时每刻都在提醒我们，完整的自己究竟是谁。随着死亡的临近，你会意识到，你所看重的那些东西，并不完全属于你，你只需要好好地享受即可。否则，你可能会因为害怕失去，直至去世都没能好好地享受美好生活。

当我们不再过分看重得失，更加坦然的时候，你那沉重的心灵或许会慢慢地放松下来，你那紧紧握住方向盘的手或许会放松下来。这个时候你就能更加安心地享受美好生活，享受到沿途的风景，享受到近在眼前的快乐与美好。

失去财富、荣誉、权力、地位、朋友、亲人，就连孩子也在渐渐远去，我们的一生总是在失去，直至最后，我们不得不面临生命的终结。我们最大的得到就是生命，我们最大的失去也是生命，到头来，你既没有得到，也没有失去。但是，你曾经拥有一个不一样的人生，你曾经既认真又轻松地活过，你曾经努力地实现自我，走向幸福之路，心智不断成熟，心灵不断圆满，在将要离开之时，你不再有所遗憾。

"兴之所至，心之所安；尽其在我，顺其自然。"放松你紧握住方向盘的手吧，它太累了，你要意识到，你并不能完全掌握自己的命运。你可以认真地开车，但请不要过于严肃，不要任由虚假的恐惧笼罩你，导致杞人忧天、惶惶不可终日。你要感恩日常的失去，让你看清了真相。

我们的本能会抗拒失去，我们的理智应当接纳失去，我们的自我更应该感恩失去。由此我们会更加认真地生活，而不是过于严肃地生活。我们既可以欣喜地接受所得到的，也可以坦然面对所失去的，不会一直被痛苦所束缚，而是学会了享受快乐。

战胜恐惧，轻装上阵，愉悦地开好你的人生列车，做好自己，剩下的就交给命运吧！

练习宽恕

每个人的内心都有难以原谅的人，他或许曾经做过一些事情，让我们很受伤，很愤怒，很绝望。如果他能自觉改正自己的行为，认识到自己的错误，并向我们道歉，我们可能会减轻对他的怨恨。但如果对方不仅认识不到自己的错误，还不以为意，这时，我们往往会更加愤怒，更加难以宽恕对方，恨不得让对方受到十倍的惩罚。看着他承受痛苦，我们的内心或许才会稍微好受一些。

怨恨是一种对他人不满的情绪反应，甚至是一种仇恨的心理状态，其本质是一种自我保护的本能，是为了维护自己的存在，而产生的一种心理。怨恨的外化形式便是愤怒，一个不会愤怒的人，人们大概率也不会忌惮他，如果所有人都能很自然地宽恕别人，那犯错也就没有什么代价可言了。在生活中，为了自己的利益伤害别人，又不用付出代价，那谁还会顾及别人呢？所以你要认识到，怨恨是一种正常的心理，切不可盲目地压制自己的恨意，更不要谴责自己。有些朋友总是认为自己太过狭隘，不够宽容，非要学习圣人之道，逼迫自己原谅别人。表面看似一片祥和，但实质上你不仅没有原谅别人，你甚至还对自己产生了怨恨。你恨自己太过狭隘，恨自己做不到宽恕，你对自己有着不切实际的高标准和高要求，你脱离现实，极端愚昧，这就注定你一定会苦上加苦。

在生活中产生怨恨的心理非常正常，因怨恨而导致愤怒也很正常。不仅如此，我们甚至会对冒犯自己的人做出惩罚，做出必要的警告，这都是非常正常的。特别是当我们正在经历不公的时候，你要表现出愤怒，要表现出怨恨，要让对方有所顾忌，让对方担心会受到惩罚，如此你才能更好地保护自己，才能更好地生存下去。假如此时你不去维护自己，不表达愤怒，不警告对方，你就相当于在告诉对方他没有错，他可以大胆地为所欲为。其实你是在撒谎，你不仅在欺骗别人，你也在欺骗自己，这并不是你自己真实的想法和感受，最终，你也一定会为自己的行为付出相应的代价。

保护自己，划清底线，这是我们的责任，我们应当为自己负责。但如果这件事情已经过去很久，或者我们自己无法掌控，该怎么办呢？还是继续怨恨吗？这时候如果选择继续怨恨，那将毫无意义，你不仅伤害不到别人，反而还会伤害你自己。

在这种情况下，如果不能做到宽恕，我们就会一直生活在抱怨、仇恨、沮丧、自责、焦虑和痛苦之中。此时我们要静下来好好地想一下，我们怨恨的最终目的是什么呢？最终目的是保护自己，让心理平衡，满足自己的需求，让自己更加幸福快乐。但是，你现在快乐吗？你不快乐，你还很痛苦，你的自我保护，此时此刻已经成为了执迷不悟，成为了你的负担，成为了你自我伤害的武器。无论你现在如何怨恨对方，他都不会损失什么，他该干什么还是干什么。反而是你，你的身体和精神都在经受着痛苦的折磨。该醒醒了，你的宽恕不是为了别人，完全是为了你自己。不宽恕别人，你将会永远活在痛苦之中，宽恕才是真正的解脱之道。

我们无法改变过去，我们只能着手当下，尽自己最大努力让当下的自己满意。但是，当我们无能为力时，我们就要放下那个执着而又自大的自己，把剩下的事情交给命运，让它来完成这最后的使命。之后，对方是否会受到惩罚，是否会受到审判，这都不是你能够决定的。对于无法改变的事情，我们要学会放下，因为它已经超出了我们的能力范围，如果我们还是纠结于此，我们只会更加痛苦。

我们可以尽量避免受到伤害，但是我们不能越界去改变别人，因为这本身就不是我们的责任，而是别人的责任。保护自己是你自己的事情，改变是别人的事情。别人的性格，别人的人品，别人的需求和欲望，别人的想法和意志等，都是他自己的事情，是他的原生家庭、成长环境、教育经历和当下处境等共同塑造的结果。他自己的性格是否会改变，他是否会认识到自己的错误，他是否会愧疚，是否会忏悔，我们都没有权利过问。他的行为他自己负责，而你的责任只在于保护你自己。把不属于自己的责任放下吧，当你尽力以后，一切就交给命运。为了自己，请选择宽恕。

也许你的父母曾经伤害过你，也许你的朋友曾经伤害过你，你的同学，你的爱人，你的亲戚，你的老师，你的同事，甚至是陌生人或许都曾经伤害过你。在面对伤害时，我们是可以有所行动的，但在很多情况下，我们是很无奈的。虽然我们愤怒，但是终究还是感觉无能为力，这个时候，其实往往是你练习宽恕的绝好机会。当你能做到宽恕时，你就能明白什么才是最重要的。到那时你的宽恕便不是盲目的，而是你看清真相后的一种通透。你明白自己为何选择宽恕。

　　选择宽恕有个重要的前提，就是不能欺骗自己，你生气了就是生气了，你怨恨了就是怨恨了。不论对方有什么理由，出于什么动机，又或是被逼无奈，有自己的苦衷，哪怕是无意识冒犯等，你要相信自己的感受，只要你的感受是不好的，你就有责任维护自己，表示抗议。如果此时你选择沉默，怨恨的种子就会埋进你的内心，生根发芽，最终成长为你的痛苦之身，让你痛苦不堪。你要记得，我们理解伤害我们的人，并不代表我们会容忍他的行为。理解他是一回事，维护自己又是另一回事。当然，我们要在自己的能力范围之内尽可能保护好自己，但是当超出我们的能力范围时，我们也要坦然地选择宽恕，不为别人，只为自己。

　　我们总是会想着如何宽恕别人，但是请不要忘了，还有一个人更值得你去宽恕，那就是自己。不能宽恕别人，我们起码还可以躲开，眼不见为净，我们可以选择绝交，选择不再见到他，并试着淡忘他。但是，你每天都与自己朝夕相处，你永远无法摆脱自己。只要你一天不宽恕自己，你就会痛苦一天，你多怨恨自己一分，你就会增加一分的痛苦。所以，我们要原谅过去的自己，宽恕不完美的自己。正如古语所言："人非圣贤，孰能无过？过而能改，善莫大焉"。我们都不是圣人，我们都是真实的、不完美的人。想一想，你当初为何会对自己有这般要求？为何会因此而怨恨自己？不就是为了能够让自己更加幸福和快乐吗？所以，你没有任何理由不宽恕自己，如果你不宽恕自己，你就会慢慢地走向痛苦和抑郁，永远无法获得幸福。

我们要练习宽恕别人，也要练习宽恕自己，因为宽恕才是抵达幸福的最快途径。选择宽恕，不只为别人，更是为了自己。

当然，如果实在无法宽恕，那就不要强迫自己宽恕，如果实在无法放下怨恨，那就不要强迫自己放下怨恨。你只需要在心里给它留出一个空间，承认自己的怨恨。当有一天，你看到那个因怨恨而备受折磨的自己时，你自然就会恍然大悟，你会放下紧握的拳头，流下宽恕的泪水，你最终一定会选择宽恕。

自我实现

唐代禅宗大师青原行思提出过参禅的《三重境界》：

参禅之初，看山是山，看水是水；禅有悟时，看山不是山，看水不是水；禅中彻悟，看山仍然是山，看水仍然是水。

这段富有哲理的话，最后演化成了人生的三重境界。

第一层境界：看山是山，看水是水

这时的我们刚刚来到这个世界，我们天真灿烂、纯真无邪，充满着好奇。在看到花时，我们就会被花的色彩所吸引，我们看到的花就是纯粹的花，我们可能会好奇花的颜色和样子，但是并不会给它下过多的定义。我们只是用心看着面前的花朵，我们非常纯粹，非常满足，我们就在当下。

第二层境界：看山不是山，看水不是水

随着年龄的增长，我们逐渐被外界灌输了更多的知识，我们也经历了更多的事情，感受到了这个复杂而又矛盾的世界，我们开始变得犹疑。在这个复杂而又不确定的世界里，我们慢慢地丢失了自己，我们失去自己真实的感受，失去自己的想法，失去自己的好奇，失去自己探索的欲望。我们不再进取，头脑里已经充满了各种固定的概念和定义。比如，看到玫瑰，我们不再只是纯粹地看到玫瑰，我们可能会想到爱情，想到浪漫，想到约定，甚至会想到嫉妒或谋杀；再如，我们看到一个杯子，我们首先想到的是一种喝水的器皿，它的材质，它的价格，我们可能也会通过眼前的杯子联想到某个人、某件事等。不管我们看到什么，都会在头脑里闪现出一定的概念和定义，以及一定的联想。玫瑰不再是玫瑰，杯子不再是杯子，山不再是山，水也不再是水。我们不再用自己的心去感受，而更多的是用眼睛和思维。我们失去了自我，失去了感觉，没有了独立思想。我们盲目地跟随他人的脚步，用他人的眼睛去看，用他人的嘴巴去说，用他人的头脑去思考，我们失去了独立的思想，最终变成了行尸走肉般的傀儡。当然，这是我们为了生存下去，必须付出的代价，只有懂得所在世界的规则，才能更好地规避危险，保护自己，才能在社会当中更好地生活。所以在这个世界上，人难免会被社会这个大染缸所影响。我们被集体所淹没，失去了自己的判断，失去了自己独特的个性。

第三层境界：看山仍然是山，看水仍然是水

这时候的我们，在社会当中摸爬滚打了一段时间，也经历了足够多的磨难，在极度痛苦中开始慢慢觉醒，逐渐回归自己的本心。我们开始用心

去感受每一朵花，每一次夕阳，每一座山，每一片水，而不再局限于定义和概念，也不再脱离当下。我们不再因恐惧和焦虑而总是被外界所干扰，我们更明白自己是谁，更明白自己想要什么，自己要成为一个什么样的人。我们不再盲目地跟随别人，我们开始相信并尊重自己的感受。真正的你开始回归，山回归了山，水回归了水，你也开始了真正的成长。

第一层境界是一种本能的纯净，第二层境界是一种混沌中的迷茫，第三层境界是一种明白后的通透。

处在第一层境界中的人最幸福，也最单纯，但极易受到伤害。

处在第二层境界中的人，相对安全，但也痛苦，这种痛苦是一种无意义感和迷茫感，是一种身心分离的撕裂感。他们非常在乎别人的眼光，每天做着自己不喜欢甚至厌恶的事情，得过且过，如行尸走肉般机械地活着。他们不敢面对自己的痛苦，无法解决自己的人生问题。他们为了避免痛苦，选择闭上眼睛，对自己的内心视而不见，逃避自己人生的问题，最终犹如温水煮青蛙一般慢性自杀。他们被恐惧和懒惰所限制，埋葬自己的理想，埋葬自己的灵魂。虽然他们有时看似也很努力，每天起早贪黑，努力工作，但这棵辛勤浇灌的树木没有根，没有生命。当然，有时他们也会知道所浇之树没有根，也会知道其难以成长和存活，也会知道自己一直在做无用功。但是为了安慰自己，为了得过且过，他们宁可自我欺骗也不愿意停下来。他们每天不停地浇灌着，以证明自己并没有放弃努力，证明自己还在拼命地"活着"，证明自己的价值和意义，幻想着幸福就在前方。这棵无根之树，便是他们在头脑中用恐惧所建立起来的一个虚幻的泡影，他们不愿意面对这个现实，不愿意打破这个幻象，在嫉妒和虚荣中备受煎熬。当痛苦到极致的时候，他们或许才会真正地觉醒，这时他们便来到了人生的十字路口，面临重大抉择：究竟要不要实现自我？还是继续得过且过？是勇敢地去倾听内心的声音，跟随心声去实现自我，还是继续掩耳盗铃、自欺欺人，虚假地活着？

如果他选择了勇敢地去实现自我，那么他将会来到人生的第三层境界。处在第三层境界中的人内心会更加充实，更加平静，他更加智慧，更加通透，更加开明。但是想要进入第三层境界，一定要经过第二层境界中最痛苦的锤炼，这是必经之路。第二层境界中的人选择的是暂时的安逸。当这种安逸感逐渐消失，痛苦达到一个临界点时，他就有可能做出走向第三层境界的选择。那便是放弃安逸，选择冒险。他不再跟随他人，开始倾听内心的声音，相信自己的感觉，排除杂念，身心合一，朝着实现自我的方向不断努力。他会感受到充实，感受到满足，他会慢慢地活出真正的自己，找到自己生命的真正价值。

自我的实现就是自然的实现，你是什么，就是什么。你是一棵梧桐树，你就好好地做一棵梧桐树；你是一棵狗尾草，就好好地做好一棵狗尾草；你是一棵竹子，就好好地做好一棵竹子。而不是这山望着那山高，总是羡慕别人。比如，梧桐树总是羡慕落日余晖下美丽的狗尾草；狗尾草总是羡慕他人口中竹子的气节；竹子却又总是羡慕梧桐树的粗壮和高大。每个人只看到了别人，而忘却了自己。你是谁呢？我们都在盲目攀比中慢慢地失去了自己，埋没了自己的心声。最后，梧桐树不好好地生长，终日想成为狗尾草；狗尾草不能安心地做自己，总想成为竹子；竹子也不能沉下心来成长，总想变成梧桐树。每个人都想成为别人，所以慢慢地他们就会变得不伦不类，在丧失自我之后，根系萎缩，生命逐渐走向枯萎。

生命就是一种自然的存在。我们努力的最终目的就是获得幸福感，但这种幸福感并不依赖于外界，而在于自己。当你成为自己、可以尽情地做自己时，哪怕夕阳也会让你备感幸福和满足；但当你身心分裂、不能做自己时，即便家财万贯你也无法感受到幸福。幸福就是一种单纯的感受，是一种活在当下的满足感。在满足中活在当下，在当下中自然成长，在成长中感受到生命的律动。

每个生命都是完整的，又是不完整的。完整代表着我们既有所谓的优点，也有所谓的缺点；不完整代表着每个生命都是脆弱的。我们无法单独生存，我们依赖于外界。我们需要阳光，需要水，需要空气，需要食物，我们和其他生物互相依存，组成了一个整体，这个整体就是一个完整的世界。我们这些所谓的缺陷，让所有的生命紧紧相连，互相补缺，成为一个完整的整体。

所以，幸福感，不在于你做了什么，不在于你是谁，不在于你的贡献和荣誉，这些只是狭隘的看法。真正的幸福感，在于你就是生命本身，在于你是否能够接纳自己这个完整的生命，你这个生命有没有真正地绽放过。有的人腰缠万贯，但是依旧不快乐；有的人虽然贫苦，但是安贫乐道，一样可以幸福快乐。这里面最关键的就是究竟谁失去了自己，谁做了真正的自己。安贫乐道的人虽然不富有，但是他喜欢平淡，能做自己喜欢做的事情；腰缠万贯的人，虽然富有，但他活在恐惧和攀比中，不断地拼命努力，他所追求的幸福是海市蜃楼，那不是他的幸福，那是别人心中的幸福，他跟随别人的声音，活成了别人定义中的样子。

当然，这里并不是贬低富有，抬高贫穷，而是你是什么，就是什么。如果你喜欢绘画，你就好好地绘画，把你的美术天赋发挥到极致，身心合一，该来的自然会来；如果你喜欢唱歌，你就好好地唱歌，把你的唱歌天赋发挥到极致，身心合一，该来的也自然都会来。你要记得，当你降生于这个世界时，你就成为了一个完整的生命，你就成为了一个人，你就应顺着自然，好好地跟随自己内心的声音，成为你想成为的那个人。自我的实现不是世俗中成功的定义，你可以是一个国王，可以是一个富商，可以是一个工人，可以是一个家庭主妇，这些都不重要，重要的是你是谁，你有没有跟随自己的心声去实现自己，你有没有成为自己。当你走在自我实现的道路上，真正地实现自我时，你会拥有独立完整的人格，你会身心合一，你会感受到真正属于自己的幸福。

生命是一种自然的存在，请不要随便用他人的眼光定义自己。你只需要认认真真地活着，把每一天都当成是世界对你的一种馈赠，好好地生活，自然而然地生活。如果你是一棵梧桐树，就好好地做一棵梧桐树，吸收你需要的营养，活出你本该有的样子。该活着的时候就好好活着，该离去时也自然而然地离去，所有的这一切只需要你顺应自然，自然地生长，自然地死亡，认真努力地生活，如此，你就可以自然而然地成长，你就可以活出自己的精彩。

我们人生的痛苦，大多来自身心的分裂和对自己的不了解。你不懂得自己，对自己总是不满意，你总想成为别人，这也就注定你的生命之花永无开放之日，你就像被埋在土里的种子，还未发芽，就已经在慢慢地死去。

我们该如何更好地实现自我呢？首先，你要找到自己，知道自己是谁；其次，你要有实现自我的动力。

要想知道自己是谁，就要倾听内心的声音。若要倾听内心的声音，就要知道阻碍我们倾听内心的声音的障碍。在我们的生命之初，没有障碍，这时的我们做人做事大多倾听内心的声音，可以叫作随心所欲，这时的我们真正地做着自己。但是随着年龄的增长，我们有了越来越多的经验，这些经验慢慢就组成了一个狭隘的自我。这个狭隘的自我便演化成了我们其中的一个身份，它有着自己的想法和情感，它有着非常大的局限性，它被恐惧和懒惰所包裹，它目光短浅，自大自恋，坐井观天。如果你无意识地认可了它，你就会被它掌控和影响，你会变得狭隘、自大。要知道，人的认知何其短浅，在时间的长河中我们最多不过存活百年，在无限的空间中我们最多也就生活在地球。这就注定我们会充满偏见。所以依靠这个狭隘的自我，你将永远无法走出人生困境，无法实现自我。听从它，你就会用有限的认知去规划自己的人生，这就注定了你一定会偏离生命的轨道，偏离自己本该的命运。所以，认识到狭隘的自我是突破障碍的关键。

如果你不能摆脱那个狭隘的自我，你就会有固执的内心，你无法放空自己，无法倾听内心的声音，你会用有限的认知来对抗自己的心声。当那个声音告诉你应该做某件事情的时候，你会在头脑中用自己有限的认知去抗争，然后对自己说："不，不可以，不可能，我做不到，我应该做别的，别人也都这么说。"你总会对抗它，你难以触摸到真实的自己，难以触达自己的天赋使命。唯有摆脱狭隘的自我，才可以倾听自己内心的声音，这个时候你自然就可以找到自己的使命。

我们内心的声音来自哪里呢？这个声音来自我们的潜意识。潜意识中蕴含着我们的本能。人类从进化早期就在不断发展，其中，有我们祖先的各种烙印，有生命最核心和本质的秘密：鱼天生就会游泳，蜘蛛天生就会织网，蜜蜂天生就会筑巢，猫天生就会洗脸，人天生就会呼吸，孩子天生就会吃奶等。这些无不体现着祖先的遗迹，它们都深深地藏在你的潜意识之中，潜移默化地影响着你。当然，潜意识中除了先天的本能，还有后天的经验。比如，从小时候的爬行，到后来可以自然地用双腿走路；从小时候用手抓东西，到现在可以很自然地拿起筷子把食物送到嘴里；从不会开车，到现在几乎人车一体，非常熟练；从不会说话，到现在出口成章等。先天的和后天的经验会整合在一起，在潜意识中形成一个庞大的系统，这个系统就是一个巨大的宝库，它会时不时地影响你，当你需要时，它也会通过直觉来与你直接沟通。

在写这本书的时候，我并非完全在用自己的思维写作，很多时候我依靠的是灵感、直觉，它们来自我的潜意识，是我所有先天本能及后天经验的积累。它们都储存在我的潜意识之中，它们本身是零散的，但当我遇到问题或有需要的时候，它们就会快速地聚合，我会突然受到启发。比如，当碰到某个突发事件时，它们之间就会开始互相融合，就像化学反应，在碰撞之下，突然迸发出一些灵感，这些灵感就是从我潜意识中所传达出的一种智慧，是一种深刻的认知。而我的思维所产生的观点与潜意识庞大的系统比起来，仅仅是冰山一角。

当然，这并不是说思维毫无作用，更多时候它是在识别潜意识所迸发的灵感，同时构建一种框架和逻辑，来解释这种灵感，通过详细的语言把潜意识的灵感表达出来，让灵感更加生动。比如，我经常出现的状况就是，在看到某种场景或某个事物时，就会突然迸发出灵感，此时我就会快速地把灵感记录在手机上，回到家后再依靠思维围绕潜意识的灵感进行梳理和诠释。

有时我在和爱人说话的时候，也经常会因为一句不经意的话产生灵感。此时，我就会突然向她大喊一声："等一等，老婆，我的灵感来了！"于是我就飞速地跑到电脑前，奋笔疾书。为此我的老婆总是很生我的气，因为我总是在聊得正起兴的时候，突然把她独自一人留在那里，让她错愕不已。

这些灵感的爆发都有一个基础，那就是我是带着问题的。这就像你被一个问题困扰了很久，在某个不经意的瞬间，突然你就想到了答案。所以，只要你敢于质疑，并带着疑问去生活，你就拥有了独立思考的能力。这时甚至不需要外界的刺激，灵感也会突然到来。比如我开车时，睡觉时，吃饭时，甚至上厕所时，灵感也会突然到来，因为这些时候是我的意识最为放松的时候，同时我一直带着问题去生活。意识放松，潜意识自然就会运作，它会穿越时间的长河，摆脱空间的局限，与宇宙意识相连，靠着它先天和后天的经验，帮助我寻找真理和答案。它不会像意识上那个狭隘的自我那样很容易被外界所迷惑，它会直接避开遮盖真理的迷雾，它知道我需要什么，它更能看穿本质，它给出的答案也最为完整。我在写作时，如果遇到瓶颈，有时我会在晚上睡觉之前重新想一下我遇到的问题，让它形成一种深刻的印象，然后告诉自己在梦中寻找答案。弗洛伊德说："梦是愿望的满足。"愿望就是我的问题，当意识无法给出答案时，在睡梦中，我的潜意识便开始通过梦的形式发挥作用，所以我的问题往往会在梦中出现，并且大多数情况下也会产生答案。答案有时很清晰，有时很模糊，有时符合逻辑，有时并不符合逻辑，但总归会给出一些提示。人在睡觉的时候意识开始变弱，也就意味着狭隘的自我开始变弱，蒙蔽我的肤浅的认知开始褪去，潜意识开始发挥作用。与我的意识相比，它的时间横贯古今，它的空间更是无限广阔，它的见识和认知远远超越我的意识层面。

意识上的知见很容易让我们迷失自己。一个人越是精明，意识上的自我就会越强，他就越庸俗。他看似精明，实则太过狭隘和肤浅，他只相信自己所看到的，不相信自己看不到的，但他看到的往往只是冰山一角，还有更多他看不到的东西。所以你会发现，越是精明的人可能生活得越安全，但是他缺乏进取心，同时，由于没有更高的眼界，没有更高智慧的指引，他会错失很多机遇。这个更高的智慧就源于我们的潜意识，也可以理解为一个更高的自我身份。听从于它，你就是在和自己的命运接轨，你的成长就会非常自然。人的一生非常短暂，我们意识上的认知非常短浅。而更高的自我，通过潜意识与宇宙意识相连，它更明白生命的法则和自然的规律，它站在无限宽广的时间和空间之上，俯视你所经历的一切。只有它才知道你该走向何方，去往何处，只有它才知道你的位置，知道你最终的归宿。当你能够听从它的声音，听从内心的召唤，适当地放下狭隘的自我中的想法，放下有限的知见，放下盲目自大的自己时，或许你才能真正地看清命运究竟要把你引向何方。当然，你要切记，狭隘的自我并非一无是处，潜意识中的自我也并非绝对正确。潜意识中的自我给出的灵感，是一种方向，它更多的是感性，它是你渴望绽放的生命；而狭隘的自我更加现实，它负责执行和落实，它更多的是理性，它是思维和逻辑。

有时，我们并非一定要知道自己该去往何方，就像梧桐树并不一定知道自己是梧桐树，它只是在自然地生长，最后它自然就成为一棵完整的梧桐树。你只需要认真做好眼下的事情，听从内心的召唤，尊重自然规律，当有一天你回头看时，你会发现，你所经历的一切看似不相干的事情，其实都是一种殊途同归，它们共同塑造了今天的你。当然，请注意，前提是你听从内心的声音，认真过好当下。

当你感到迷茫的时候，先不要着急，启示或许会在不经意的瞬间出现。它会不定期地出现在你的意识之中，然后提醒你是否偏离了自己的生命轨道，告诉你人生的方向。此时，你不如多去尝试，直到内心的自己感受到充实和快乐，你的感受便会发出信号，告诉你到底有没有走上实现自我的道路。

当我们找到了自己，并决心遵从自己内心的声音去生活，去做事情的时候，我们的动力自然也就来了。此时的你做着真实的自己，做着自己喜欢的事情，走在实现自我的道路上，所以你充满热情，充满激情，充满无限动力。哪怕是遇到再大的挫折和困难，你也会很快从沮丧和抑郁的情绪中重新恢复力量，重新燃起希望。就犹如那破土而出的种子一般，顶破坚硬的土壤，顶开压在上面的石块，向着阳光，不断生长。这个力量就是自然之力，是一种创造生命的力量。它创造了你，让你有了自我意识，有了感觉和感受。当你开始实现自我的时候，你就是在运用它的力量。创造你的这股自然之力，是生命最基础的原始动力，当你拥有了它的力量时，你就可以生出无限的动力，你会充满热情和渴望，往后余生，你就可以开创自己的人生。

遵从内心的声音，认真过好当下，是我们给予自己最好的礼物，也是世界对我们最大的馈赠。这个内心的声音并非来自你的意识，它植根于你的潜意识之中，它决定着你的位置。你只需顺着自己的心声，像一棵树苗一样自然地成长，像鱼儿一样自然地长大，像蝌蚪一样自然地变成青蛙。当你活出真正的自己，做着自己该做的事情时，你这个生命的种子才真正地播进了土壤，才能充满无穷的力量，以惊人的速度成长，创造奇迹。

与其说是你创造了奇迹，倒不如说生命本身就是奇迹。

生命的课程

人是一种生命的形式，生命最核心的欲望便是存活，这是每个生命最基础的需求。为了活下去，我们拼命努力，为了活得更好，我们想尽千方百计。但是，无论你现在是贫穷还是富有，无论你现在是伟大还是平庸，无论你是健康还是患有疾病，无论你现在有没有实现自我，你都无法摆脱人生的一个事实：我们总是喜忧参半，与快乐和痛苦相随。这是不能改变的事实。只有承认和接纳这个现实，我们才能心平气和，才能回归自然的心理状态，才能"心似白云常自在，意如流水任东西"。

"宠辱不惊，看庭前花开花落；去留无意，望天上云卷云舒"，这种心境平和的境界，是我们理想的状态，但是我们不会一直如此。我们的本能是趋利避害，我们所处的环境充满变数，充满未知，充满竞争，充满矛盾与冲突。我们处在一个既合作共生，又竞争对立的世界之中，所以这就注定我们一定会与幸福和痛苦相伴，我们一定会面临不顺，产生恐惧、愤怒、焦虑和沮丧等负面情绪。面对痛苦，我们总是习惯性逃避，我们只想要幸福，只想要快乐，只想要顺利，所有对自己有害的东西，我们统统避之不及。这就是人，我们有生命，活下去是我们的欲望，趋利避害是渴望活下去的本能反应。只有接纳这个本能，你才会理解自己，理解他人，才能有机会抚慰焦虑不安的情绪。

虽然在当今社会，我们大多数时候不会面临生命危险。但是，趋利避害的本能依旧植根于我们的内心，深深地影响着我们。我们可能不仅会因为死亡而焦虑，还会因为各种不如意而焦虑。

趋利避害，这是所有生物共同的特性，不论植物、动物，都是如此，这是生物的本能。循着这个本能，由初级生物的刺激感应性，到后来进化出的意识和知觉，生物也随之慢慢地进化出了神经和大脑。人类的大脑最为发达，它拥有着强大的自我意识和思维能力，它会通过人类器官产生视觉、嗅觉、味觉、听觉和触觉，从而对客观世界产生全面的认知。它会在自己内部创造出另一个内在世界，这个内在世界是我们对客观世界的理解和认识，方便我们更好地生存。但是，这个内在世界与外在世界往往会产生偏差，偏差越大，外在世界与内在世界的冲突也就越激烈，我们的情绪也就越强烈。

石头因为没有生命，没有意识和知觉，所以它不会体验到痛苦和幸福。而人类因为有着最发达的大脑，所以情感、情绪和感受也最为丰富。我们能体验到强烈的痛苦，也会体验到强烈的幸福。石头的状态最为自然，放在哪里，它就在哪里，哪怕你把它打碎，它也从来不会自主反抗。越是接近石头这种非生命的物质状态，就越是自然。但即便如此，我们也会从中看到冲突和对抗，比如雨水滴在石头上，石头同样会给它一个反作用力，把水滴弹开，当然，这并不是石头的自主意识，而是石头的物理特点。

与外在的物质世界一样，在我们的精神世界里，也会存在力的对抗。如果精神世界与外在的世界并不协调，假如外在的世界是一个作用力，精神世界就是一个反作用力，反之亦然。在这种作用力和反作用力之下，对抗和矛盾便产生了。在这种对抗之中，我们的情绪随之产生。情绪产生，我们身体和行为上的相应应激反应也会随之产生。比如，在遇到危险时，我们的荷尔蒙激素会飙升，心跳会加速，肌肉会紧绷，我们会大吼大叫，会逃跑或战斗等，这时精神世界的斗争，就会表现为外在的肢体或语言上的攻击。只有问题解决或问题消失，情绪才会随之平复，应激行为才会终止，精神世界与外在的世界才会恢复平和。

头脑中的内在世界是我们的意识所构建出的心灵地图，外在的世界是客观存在的。我们的心灵地图越主观，就越容易与外在的世界形成对立。我们头脑中的自我意识越强，我们与外在世界的冲突也就越激烈，我们痛苦和快乐的感受也就越强烈。你有你的想法，外在世界有外在世界的客观规律，头脑中的心灵地图与现实的世界不一致，这个时候我们就会产生痛苦和焦虑。低等生物因为肢体的残缺可能最多只是感受到身体的疼痛，而人类除了身体的疼痛，还会因为自我意志被违背而感到愤怒甚至极度痛苦，我们可能会充满仇恨，耿耿于怀。我们的意识与外在世界产生了强烈的冲突和矛盾，我们太痛苦了。

当然，就像我们前面说的，物极必反。当我们痛苦到极致时，就是醒悟的时刻，这时我们与宇宙意识融合，最为接近自然的状态，不再抗拒。

我们的本能决定了我们一定会自我保护，趋利避害，我们一定会有自主的反抗意识，我们一定会有所抗拒。所以，这就注定我们一定会体验到各种各样的情绪。我们无须排斥本能，这是一种自然的状态。但是，我们可以通过学习，让自己的意识所构建的头脑中的心灵地图更加接近宇宙规律，让它减少对立增加统一，让自我意识和宇宙意识合二为一。我们可以通过生活中的大事小事去学习，特别是当你感受到痛苦的时候，你越是痛苦，说明此时的你越是背离宇宙意志，这时候是你修订心灵地图的最好时机。在经历了痛苦之后，你就可以真正地焕发新的生机。

我们从出生那一刻起，就开始了学习和成长。我们一生都在不断地成长，除了身体的成长，还有心智的成长。人生有许多的课程需要你去面对，直至生命的结束。我们要有耐心，要勇于直面痛苦，直面问题，我们要接纳并尊重规律。只有植根于痛苦的土壤中，我们才能成为最好的自己。

或许你在亲人的离世中看到了生命的无常，并学会了珍惜与感恩；或许你在朋友的背叛中更全面地看清了人际关系的真相，并学会了自我保护与宽恕；或许你在一次次的挫败中找到了自己的使命与方向，并学会了理解与自我同情；或许你在不如意中学会了臣服，并学会了敬畏与忍耐……当然，每个人所学到的东西可能各不相同，但每一次的经历，每一次的痛苦，都是我们学习的机会。我们所遇到的每一个人、每一件事都是规律的化身，我们最终要抵达的都是同一个地方。殊途同归，勇敢上路，我们都会抵达圆满之境。

我们能适应环境，也能改造环境，但前提是我们要尊重自然规律，贴近宇宙意志。一个尊重规律、懂得规律的人，才会更加智慧；一个直面问题、接纳痛苦的人，才会更加勇敢；一个真诚的、能够倾听自己内心声音并跟随心声的人，才会找到真正的自我，才能发现自己的使命，才能拥有无穷的力量去面对苦难重重的人生，才能站在用痛苦所沉淀的土壤里，奋发向上，茁壮成长。

在自我成长的过程中，我们要戒急戒躁，我们要给予自己充足的时间，让自己慢慢地成长。在遇到人生困惑或痛苦的时候，希望你能及时发现自己的问题，并能够审视自己，拂去心灵上的尘埃，净化自我的心灵，洞见自己的固执，照亮前方的道路。

我们所经历的这一切，皆是为了让我们看清真相，学会本领，成长自我，圆满心灵。